確率・統計の初歩

阿原 一志 著

培風館

本書の無断複写は，著作権法上での例外を除き，禁じられています。
本書を複写される場合は，その都度当社の許諾を得てください。

まえがき

　この教科書は大学初学年向けの確率の授業のために書かれたものです．この授業は，本来高校で学習するはずだった確率・統計分野を補習する意味で設置されたもので，その内容は高校の確率・統計の範囲を大きく超えないように配慮されています．ですから，少し進んだ内容を学習したい高校生の皆さんや，確率・統計をすっかり忘れてしまったので独習してみたい方にも適切な内容になっていると思います．

　この教科書の原型は元明治大学教授の今野礼二先生がお書きになり，簡易製本していたものです．著者がこの授業を担当するようになった2006年度よりその内容を全面的に書き改め，練習問題を整備補充してきました．このたび培風館より出版のお話があり，お受けすることにしました．著作権の問題について今野先生には快諾していただきとても感謝しています．また，この授業を担当して，教科書の不備を指摘してくださった諸先生方にも深く感謝します．

　この教科書ではできるだけ日常に現れる確率・統計を取り上げるようにしました．とはいえ，高校程度の知識で容易に説明できる範囲に限定しましたので，やや物足りないかもしれません．また，巻末に練習問題の解答を載せましたが，これが丁寧すぎるのではないかとお叱りを受けるかもしれません．やさしい内容や丁寧すぎる解答は「ゆとり世代」への著者からのプレゼントだとご理解ください．

　　　2009年　初秋　　　　　　　　　　　　　　　　　　著者しるす

目　次

0 章　集合の初歩　　　　　　　　　　　1

1 章　確率事象と集合　　　　　　　　　5

2 章　場 合 の 数　　　　　　　　　　13

3 章　確率の加法定理　　　　　　　　21

4 章　条件付き確率と乗法定理　　　　27

5 章　独 立 試 行　　　　　　　　　　35

6 章　確率変数と確率分布　　　　　　43

7 章　期待値・分散・標準偏差　　　　49

8 章　確率変数の演算　　　　　　　　57

9 章　相関係数・回帰直線　　　　　　65

10章　二 項 分 布　　　　　　　　　　71

11章　連続的確率分布　　　　　　　　77

12章　正 規 分 布　　　　　　　　　　85

13章　検　　　定　　　　　　　　　　91

付　　録　　　　　　　　　　　　　　97

索　　引　　　　　　　　　　　　　　122

0　集合の初歩

　この章で**集合**について，基本的な事項を簡単にまとめておく．
　数学における集合とは，と堅苦しく考えると難しそうである[1]が，ここではなんらかの「モノ」が集まって一塊になったものを集合ということにする．ただし，ここでは「どのようなモノであるか」がきちんと区別をつけられるものとする．「20 歳以上の人の集合」はこの集まりに含まれるか含まれないかがはっきり区別できるので集合であるとみなせる．「明るい色の集合」は明るいかどうかを主観的に決めるものなので集合であるとはみなさない．もちろん，色の明るさを数値化してその数値により集合を定めるとすればこれは集合であるとみなせる．少し余談になるが，論理学においては「すべてのものの集合」を考えてはいけないことになっている．細かいことをいいはじめると，なかなか難しいのである．しかし，この教科書では身近にあるものの集まりや数の集まりを取り扱うので，論理学上問題になるようなことは見当たらないと思って差し支えない．
　集合は A, B のように大文字を用いて表わすことが多い．集合とは「モノ」の集まりであるから，集合を構成する「モノ」たちがあるわけであるが，それらを**要素**（または**元**(げん)）とよぶ．集合 A に要素 x があることを

$$x \in A$$

---

[1]　実際に「集合論」などの教科書を読むとむずかしい．

と書く．xが集合 A の要素でないことを $x \notin A$ と書く．

要素をすべて書き出すことができる集合については，それらを中カッコで囲むことにより集合をあらわす．たとえば

$$A = \{\text{柿, 栗, 桃}\}$$

のように書く．ある条件を満たす集合を書き表すときには

$$\{(\text{代表となる要素}) \mid (\text{要素が満たすべき条件})\}$$

という書き方をする．たとえば実数の集合を $\mathbb{R}$ と書くとき，「正の実数の集合」は

$$\{x \in \mathbb{R} \mid 0 < x\}$$

と書く．

特別な集合の例として「要素をまったく含まない集合」を考えることもできる．これを**空集合**という．記号は $\emptyset$ である[2]．

> **定義 0.1**（部分集合）　集合 A, B があり，集合の A の要素がすべて集合 B に含まれるとき，A は B の**部分集合**であるといい，$A \subset B$（または $B \supset A$）と書く．

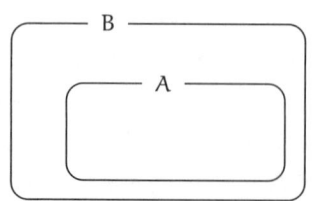

注意 0.1　記号として $\subset$ と $\in$ とはとても似ているので混同する人もいるかもしれない．$\in$ を使うときには，「要素と集合の関係」を意味するのであって，$\subset$ では「集合と集合の関係」を意味している．区別して使わなければならない．集合 A に含まれる x というただ 1 つの要素からなる集合は $\{x\}$ と書かれるが，

$$x \in A, \quad \{x\} \subset A$$

はどちらも正しい記述である．

---

[2] この記号はギリシア文字の φ（ファイ）に似ているが，異なる記号である．

定義 0.2（和集合） 2つの集合 A, B があったときに，それらの要素をすべて集めて新しく集合をつくることができる．これを**和集合（結び）**といって $A \cup B$ と書く．もし $A = \{1, 3, 5\}, B = \{3, 4, 5\}$ であるとするならば，$A \cup B = \{1, 3, 4, 5\}$ である．$A \cup B$ の要素を書き上げるときには A と B の両方に含まれる要素は一度だけ書けばよい．

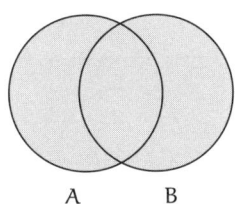

定義 0.3（積集合） 2つの集合 A, B があったときに，それらの両方に含まれている要素だけを取り出して新しく集合をつくることができる．これを**積集合（交わり，共通部分）**といって $A \cap B$ と書く．もし $A = \{1, 3, 5\}, B = \{3, 4, 5\}$ であるとするならば，$A \cap B = \{3, 5\}$ である．

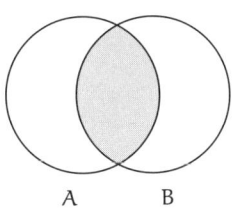

注意 0.2 $\cup$ と $\cap$ とはとても似た記号で，得てしてどちらがどちらの意味だったかがわからなくなることが多い．$\cup$ は cup（ティーカップを想像すればよい）とよばれ「和集合」「〜または〜」と対応する．$\cap$ は cap（野球帽を想像すればよい）とよばれ「積集合」「〜かつ〜」と対応する．正しく覚えよう．

注意 0.3 2つの集合 A, B が $A \cap B = \emptyset$ を満たすとき，すなわち A と B には共通に含まれる要素がまったくないとき，このときを**排反**であるという．

> **定義 0.4（補集合）** 集合 A が全体集合 X の部分集合であったとしよう．このとき，集合 A に含まれない要素だけを集めて新しい集合をつくることができる．これを**補集合**といい $\overline{A}$ と書く．たとえば，全体集合 X を $X = \{1,2,3,4,5,6\}$ とすれば，$A = \{1,3,5\}$ は X の部分集合であり，$\overline{A} = \{2,4,6\}$ である．補集合を考えるときには必ず何かしらの「全体集合」に含まれている必要があることに注意しよう．

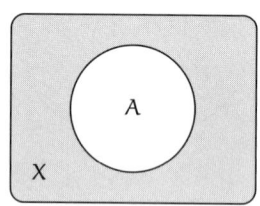

> **定義 0.5（差集合）** 2 つの集合 A, B があったときに，集合 A には含まれるが集合 B には含まれないような要素だけを取り出して新しく集合をつくることができる．これを**差集合**といって $A \setminus B$ と書く．もし $A = \{1,3,5\}, B = \{3,4,5\}$ であるとするならば，$A \setminus B = \{1\}$ である．

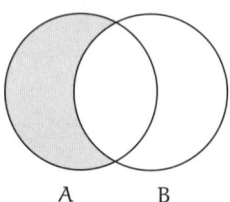

注意 0.4 差集合は $A - B$ のように書かれることもあり，どちらも間違いではない．また，集合の記号を使えば，$A \setminus B = A \cap \overline{B}$ である．

1 確率事象と集合

　実験や観察などを一定の条件のもとに行っても，その結果として起こることもあれば起こらないこともある事柄，すなわち偶然によって支配される事柄は数多くみうけられる．偶然とはいっても，実験や観察の仕方や起こりうる事柄をきちんと定めておけば，特定の事柄の起こりやすさを数値で表すことができることが多い．このようなとき，実験や観察を行うことを**試行**といい，結果として起こりうる事柄のことを**確率事象**あるいは単に**事象**という．また，数値で表現された起こりやすさのことを事象の**確率**という．

❑ **例 1.1**　均質で理想的な立方体のサイコロを考える．このサイコロを振ることを試行と考え，通常のようにどの目が出たかだけに着目することにすれば，「・が出る」，「出た目が偶数である」などが事象である．均質な立方体であるから，無作為に振ればどの目の出やすさも同じであると考えてよい（このようなサイコロを**正しい**サイコロという）．このとき，後に述べる理由により，各目，たとえば「・が出る」という事象の確率は $1/6$ である．

　上の例で・の出る確率が $1/6$ であるとは，大ざっぱにいえば，n 回サイコロを振ったとき $n/6$ 回・が出ることが期待されるという意味と考えられるが，そうはいっても現実に n 回振ったときちょうど $n/6$ 回・が出

るとは限らない．たとえば，6回振ったとき ⦁ がまったく出ないこともあれば3回出ることもあるであろう．それでは 1/6 という数値は無意味かというとそうではなく，n をたとえば，1000 とか 2000 のように大きくしてゆくと，(⦁ の出た回数)$\div n$ は 1/6 に近くなる．一般に，

$$（事象が起こる回数）\div（試行の回数）$$

のことを**相対度数**とよぶ．いわば確率とは潜在的な起こりやすさの度合であり，試行の回数を多くすれば相対度数は確率に近づくものと考えることができる．

❒ **例 1.2** 下図はサイコロを多数回振ったときの ⦁ の出る相対度数をグラフにしたものである．実際はコンピュータで乱数（11 章参照）を発生させることによって，サイコロを振るかわりとした．いわゆるシミュレーションである．実験を 3 回行い，それぞれについてのグラフを重ねて書いてある．いずれも n を大きくしてゆくと相対度数は 1/6 に近づいている．

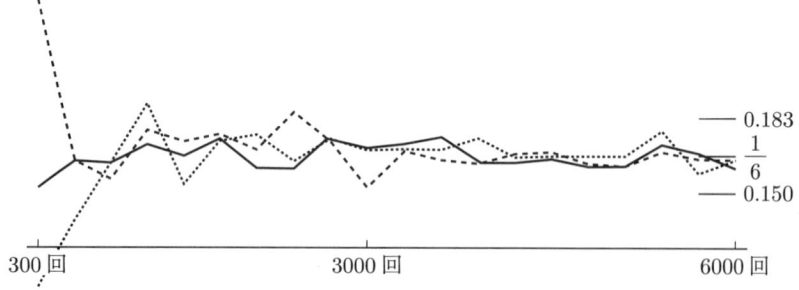

確率を厳密に定義することは，実はそう簡単ではなく，定義の仕方もいろいろある．また，現実の事象の確率を求めることも簡単でないが，これから確率論を学ぶにあたっては，事象それぞれに対する確率の値が（必ずしもわれわれがその値を知らなくても）定まっているものとして話を進めることにする．

確率事象にはさまざまなものがあるが，簡単なのは，1 つの試行のもとに起こりうる事象の数が有限個の場合である．このようなときは，実は基本となる事象がいくつかあって，他のどの事象もそれら基本となる事象を

「または」という言葉で組み合わせて表現することができる．基本となる事象のことを**根元事象**という．

◻ **例 1.3** サイコロを振ったとき，「⚀が出る」，「2以上の目が出る」，「出た目が奇数である」など目の出方をすべて数えあげても有限個である[1]．このうち「⚀が出る」，「⚁が出る」，…，「⚅が出る」の6個が根元事象で，他の事象たとえば，「出る目が奇数である」は「⚀が出るか，または⚂が出るか，または⚅が出る」のように，根源事象を「または」でつないだ形として表現される．

このことから，事象を集合で表現できることがわかる．

◻ **例 1.4** サイコロを1回振る場合，⚀,⚁,… という記号の集合

$$U = \{⚀, ⚁, ⚂, ⚃, ⚄, ⚅\}$$

を考え，たとえば，事象「⚀または⚁が出る」を部分集合 $\{⚀, ⚁\}$ で表し，事象「⚂が出る」を部分集合 $\{⚂\}$ で表すようにすれば，すべての事象は U の部分集合と対応づけることができる．このとき，$\{⚀\}$ とか $\{⚂\}$ とか $\{⚅\}$ などのようにただ1つの元からなる集合が根元事象に対応する．U 自身は「⚀または⚁または⚂または⚃または⚄または⚅の目が出る」という必ず起こる事象に対応する．

一般に，ある試行のもとで起こりうる根元事象すべてを要素とするような集合をその試行の**標本空間**という（例 1.4 における U はサイコロを1回振るという試行の標本空間である）．試行の結果起こりうるどの事象も標本空間の部分集合のどれかに対応している．標本空間そのものに対応する事象は，「何でもよいから何かが起こる」という事象であって，**全事象**とよばれる．標本空間を

$$U = \{a_1, a_2, \cdots, a_n\}$$

と書くことにすれば，試行とは U のどれかの元が偶然に選ばれることと解釈することができ，たとえば，a_3 が選ばれた場合は，$\{a_3\}$, $\{a_3, a_6\}$,

---

[1] むろん，どの目が出たかだけに着目するのであって，サイコロの向きや位置の違いは無視する．また，「サイコロが角で立つ」や「サイコロがこわれる」などが絶対に起こりえないとはいえないが，こういう場合はノーカウントないし実験の失敗であって，試行そのものが成立しないと解釈するのである．

$\{a_3, a_5, a_8\}$ などのように a_3 を含む部分集合に対応する事象は起こり，含まないものは起こらないと考えることができる．$\{a_1\}, \{a_2\}, \cdots$ などただ 1 つの元からなる部分集合が根元事象に対応する．以後，事象と部分集合を同一視して，同じ記号で表すことにする．

空集合 $\emptyset$ も U の部分集合であるが，これに対応する事象を考え，**空事象**とよぶ．空事象はそもそも起こるはずのない事象のことである．

❏ **例 1.5** サイコロを 1 回だけ振る場合，たとえば，「⚀ が出て，かつ ⚂ が出る」は空事象である．このことは集合の記号を用いれば

$$\{⚀\} \cap \{⚂\} = \emptyset$$

と書き表すことができる．

部分集合 A と B の結び（和集合）$A \cup B$ に対応するのは「事象 A または B が起こる」という事象であって，A と B の**和事象**という．A と B の交わり（積集合）$A \cap B$ に対応するのは「事象 A が起こりかつ B も起こる」という事象であって A と B の**積事象**とよばれる．積事象が空事象のとき，すなわち A と B が同時には起こりえないとき，A と B は互いに**排反する事象**あるいは単に**排反事象**であるという．部分集合 A の補集合（A に属さない U の元の集合）を $\overline{A}$ で表せば，$\overline{A}$ は「事象 A が起こらない」という事象（A の**余事象**という）に対応する．以後，記号 $A \cup B$ は和集合の意味にも和事象の意味にも使うことにする．$A \cap B$, $\overline{A}$ についても同様とする．

起こりうる事象の数が無限個ある場合の扱いは少しむずかしい．この場

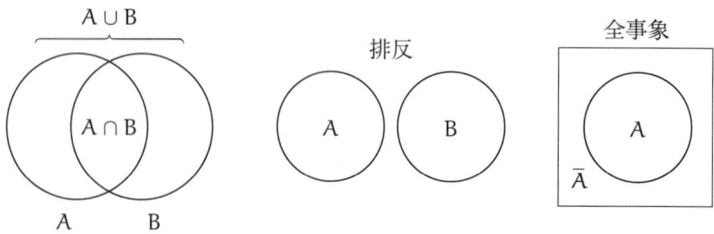

合についてもおりおりふれるが，今後は主として事象の個数が有限個の場合を扱う．しかし，事象の数が無限の場合でも，やはり事象をある集合 U の部分集合と対応づけて考えることができ，全事象，空事象，和事象，積事象，余事象などを上と同様に考えることができる．また，これから学ぶ確率の性質は，事象の個数が有限の場合も無限の場合も同様に成り立つものである[2]．

事象が標本空間の部分集合と対応していることを考えれば，集合論における演算法則はそのまま事象の演算法則であるとみなすことができる．以下に基本的なものを列挙しておく．それぞれはヴェン図（p.8 の図のような集合を視覚的に描いたもの．）を描いてみれば容易に証明することができる．

法則 1：

$$A \cap \overline{A} = \emptyset, \quad A \cup \overline{A} = \mathsf{U}, \quad \overline{(\overline{A})} = A$$

法則 2：交換法則

$$A \cap B = B \cap A, \quad A \cup B = B \cup A$$

法則 3：結合法則

$$(A \cap B) \cap C = A \cap (B \cap C), \quad (A \cup B) \cup C = A \cup (B \cup C)$$

法則 4：ド・モルガンの法則

$$\overline{A \cap B} = \overline{A} \cup \overline{B}, \quad \overline{A \cup B} = \overline{A} \cap \overline{B}$$

法則 5：分配法則

$$A \cup (B \cap C) = (A \cup B) \cap (A \cup C), \quad A \cap (B \cup C) = (A \cap B) \cup (A \cap C)$$

法則 6：

$$A \cap B = \emptyset \Rightarrow A \cap \overline{B} = A, \quad A \cup B = \mathsf{U} \Rightarrow A \cup \overline{B} = A$$

---

[2] 事象の個数が無限個の場合，特に連続的に変化する量の測定値などのような場合のむずかしさは，主として無限個の集合の和集合を考えなければならない点にある．たとえば，1 つの元からなる部分集合を根元事象と考えることは同じでも，これらを有限個の「または」で結合しただけでは一般の事象をつくれない．確率論をより深く学ぶときは，無限個の部分集合，無限個の数を扱うことになるが，数学的に高度な内容になるので，最初のうちは一度に考える事象が有限個の場合に限ることにする．

第1章 章末問題 A

A-1. サイコロを1回振ったときの標本空間 $U = \{⚀,⚁,⚂,⚃,⚄,⚅\}$ の部分集合（すなわち事象）は $\emptyset$ と U 自身を含めて全部でいくつあるか．

A-2. $U = \{⚀,⚁,⚂,⚃,⚄,⚅\}$, $A = \{⚀,⚂,⚄\}$, $B = \{⚃,⚄,⚅\}$ に対し $\overline{A}$, $A \cup B$, $A \cap B$, $\overline{A} \cup B$, $\overline{A} \cap B$ を求めよ．

A-3. $U = \{⚀,⚁,⚂,⚃,⚄,⚅\}$, $A = \{⚀,⚂,⚃\}$ としたとき，A と互いに排反する事象は全部で何通りあるか（$\emptyset$ も数えることにする）．

A-4. 1組のトランプ[3]（ジョーカーを除く）から1枚選ぶことを試行とし，どのカードを選んだかだけに着目することにする．標本空間の元の個数はいくつか．また，根元事象の例を1つあげよ．

A-5. 1つのサイコロを2回振る試行に対する標本空間を X とする．ただし，「1回目は⚂, 2回目は⚄」という事象を簡略化して $(⚂,⚄)$ と書くことにする．事象 A, B は次のものとする．$A = \{1$ 回目は⚂, 2回目は奇数$\}$, $B = \{(⚀,⚁),(⚂,⚂),(⚂,⚄)\}$. このとき次を求めよ．

（1）X
（2）$A \cap B$
（3）A と排反する事象の例
（4）$A \cup B$

第1章 章末問題 B

B-1. p.9の6つの法則を，ヴェン図を用いずに証明してみよ．たとえば，$A \cap \overline{A} = \emptyset$ と $A \cup \overline{A} = U$ は次のように証明される．

（$A \cap \overline{A} = \emptyset$ の証明）　$A \cap \overline{A}$ の元 a が存在したと仮定する．すると，$a \in A$ かつ $a \in \overline{A}$ の両方が成り立つ．今，$a \in \overline{A}$ は $a \notin A$ と同値（必要十分条件）だから，$a \in A$ と $a \notin A$ の両方が成り立つことになり，矛盾である．したがって，$A \cap \overline{A}$ は空集合と等しい．（証明終わり）

（$A \cup \overline{A} = U$ の証明）　$A \subset U$ かつ $\overline{A} \subset U$ であることから，$A \cup \overline{A} \subset U$ が成り立つ．したがって，$U \subset A \cup \overline{A}$ が示されれば $A \cup \overline{A} = U$ が正しいことになる．$U \subset A \cup \overline{A}$ を示すために，U の任意の元 a を考える．a は A の要素であるか，そうでないかのどちらかである．すなわち，$a \in A$ または $a \notin A$ が成り立つ．今，$a \notin A$ は $a \in \overline{A}$ と同値（必要十分条件）であるから，$a \in A$ または $a \in \overline{A}$ が成り立つ．したがって，$a \in A \cup \overline{A}$ である．以上より $U \subset A \cup \overline{A}$ が正しい．（証明終わり）

---

[3] トランプとは元来「切り札」の意味で，1枚1枚のことはカード，1組のカードをスーツという．しかし，トランプという言葉はなじみ深いので，この本ではトランプという言葉を用いることにする．

B-2. ジョーカーのない1組のトランプから5枚を区別なく取り出す試行の標本空間の元の個数はいくつか．

B-3. 区別のつかない2つのサイコロを同時に振る試行に対して，標本空間はどうなるか．標本空間の元の個数はいくつか．

B-4. 区別のつかないn個のサイコロを同時に振る試行に対して，標本空間の元の個数はいくつか．

B-5. 自然数の集合$\{1, 2, 3, \cdots\}$が標本空間になるような試行の例を挙げよ．

B-6. 単位閉区間$[0, 1] = \{x \mid 0 \leq x \leq 1\}$が標本空間であるような試行の例を挙げよ．

B-7. 表計算ソフトウェアを用いて，6ページの折れ線グラフと同じ主旨のもとを書いてみよ．

2 場合の数

 標本空間が有限集合の場合，標本空間の元の個数を数える作業が必要になる場合が多い．すべての元を列挙することによって集合の元の個数を求めることもできるが，有用ないくつかの公式を用いることによって容易に求まる場合もある．この章ではそうした公式を学ぼう．

 まず，区別できる n 個の物を選んでもとに戻す試行を k 回繰り返す場合の数を考えよう．これは選ぶたびごとに n 種類の選択肢があることになり，それが k 回繰り返されるということから，場合の数は n^k である．

❐ **例 2.1** 1, 2, 3 だけからなる 2 桁の数は何種類あるだろうか．各桁に 3 通りの選び方があるので，答えは $3^2 = 9$（通り）である．実際に，

$$11,\ 12,\ 13,\ 21,\ 22,\ 23,\ 31,\ 32,\ 33$$

の 9 通りある．

 次に区別できる n 個の物の中から k 個を取り出してそれを並べるという場合の数を考えよう．k 個を同時に取り出すのではなく，ひとつひとつ取り出してそれを一列に並べることを考えればよい．最初の 1 個の取り出し方は n 通り．次の 1 個（2 個目）は 1 個目の取り出し方にかかわらず $(n-1)$ 通りある．このようにして考えていくことにより，

$$n(n-1)(n-2)\cdots(n-k+1)$$

通りの並べ方があることがわかる．この数を**順列**とよんで，${}_nP_k$ と書く．特に，$k=n$ の場合（n 個のものを全部一列に並べる）の場合の数 ${}_nP_n$ は $n(n-1)\cdots 3\cdot 2\cdot 1$ に等しく，これを n の**階乗**といい $n!$ という記号を用いる．

階乗の記号を使うと
$$_nP_k = \frac{n!}{(n-k)!}$$
と記述することができる．1の階乗は1であることに問題はないが，便宜上，0の階乗は1であると定義する（$0! = 1$ と定義する）．

❏ **例 2.2** 1から9の数字の書かれた札から3人の人に1枚ずつ渡す場合の数を考えよう．3人にA，B，Cと名前をつけておけば，Aのカードの可能性は9通り．残りの8枚の中からBに渡し，さらに残りの7枚の中からCに渡すので，その組合せは ${}_9P_3 = 9\cdot 8\cdot 7 = 504$（通り）ある．

次に，区別できる n 個の物の中から k 個を取り出すという場合の数を考える．前の例とよく似ているが，取り出したものを一列に並べなくてよいところが異なる．つまり，取り出したものの種類が問題となっている．この場合の数は ${}_nP_k$ から簡単に求めることができる．実際に，n 個の物の中から k 個を並べたとすると，その k 個の並べ方が ${}_kP_k$ 通りあることがわかる．これはどのような k 個を取り出しても同じことがいえるので，場合の数は
$$\frac{{}_nP_k}{{}_kP_k} = \frac{n!}{(n-k)!k!} = \frac{n(n-1)(n-2)\cdots(n-k+1)}{k(k-1)\cdots 2\cdot 1} \tag{2.1}$$
であることがわかる．これを**組合せ**といい ${}_nC_k$ と書く．式(2.1)の右辺は割り切れるかどうか数学的には明らかではない．しかし，${}_nC_k$ は場合の数であり整数であるとわかっているので，${}_nC_k$ の定義の式は必ず割り切れて整数になることがわかる．

❏ **例 2.3** $(ax+b)^n$ を展開したときの x^k の係数はいくつか考えてみよう．
$$(ax+b)(ax+b)\cdots(ax+b)$$
と書いてみて，これを一度に展開することを考える．最初の $(ax+b)$ からは ax または b を選べる．次の $(ax+b)$ からは ax または b を選べる．

このようにして考えると，展開したときの各項は ax または b を n 回選んで掛け合わせたものということになる．この項が x^k の項であるためには ax を k 回，b を $(n-k)$ 回選ぶ必要があり，その組合せは ${}_nC_k$ 通り．したがって，x^k の係数は ${}_nC_k a^k b^{n-k}$ であることがわかる．

□例 2.4 赤い玉を m 個，白い玉を n 個用意し，これを一列に並べる場合の数を求めよ．最初から玉を置く場所に 1 から $m+n$ の番号をつけておき，このうちの m か所が赤い玉の置かれる場所である．このことから，求める場合の数は $m+n$ の中から m 個を選び出す方法の数であり，${}_{m+n}C_m$ と等しい．

□例 2.5 札幌市のような，東西・南北に等間隔に大通りがあるような町を考えよう．東西方向に n 本，南北方向に m 本の大通りがあったとしよう．町の北西の交差点から町の南東の交差点へ，大通りだけを通っていく最短経路は何通りあるだろうか（ただし，大通りといっているが，道の幅は考えないものとする）．並んだ交差点を結ぶ道をブロックとよぶことにすると，北から南へ向かう $(n-1)$ 本のブロックと，西から東へ向かう $(m-1)$ 本のブロックを自由な方法で並べる場合の数である．例 2.4 をふまえれば，この場合の数は ${}_{m+n-2}C_{m-1}$ であることがわかる．

ここで組合せに関する重要な公式を紹介しておく．

定理 2.1
(1) ${}_nC_k = {}_nC_{n-k}$
(2) ${}_nC_k = {}_{n-1}C_k + {}_{n-1}C_{k-1}$

証明
(1) 階乗を使った定義からも証明することができるが，ここでは組合せの言葉を使って証明する．n 個の物の中から k 個を選び出すということは，別の言い方をすれば n 個の物の中から $(n-k)$ 個を残して他を選ぶ，ということに他ならない．このことから，n 個の中から k 個を選ぶ場合の数 ${}_nC_k$ と n 個の中から $(n-k)$ 個を残す場合の数 ${}_nC_{n-k}$ とは等しいことがわかる．

(2) n 個の中の 1 つを a としよう．n 個の中から k 個を選ぶときに，a を選ぶ場合と a を選ばない場合に場合分けしてみよう．a を選ぶときには，残りの $(n-1)$ 個の中から $(k-1)$ 個を選ばなければいけないから，この場合の数は ${}_{n-1}C_{k-1}$ である．a を選ばないときには残りの $(n-1)$ 個の中から k 個を選ばなければならないから，この場合の数は ${}_{n-1}C_k$ である．したがって，n 個の中から k 個を選ぶ場合の数はその和ということになり，定理は証明された． □

❐ **例 2.6**（重複組合せ）1 から n までの数の中から重複を許して k 個の数を選び出す場合の数を求めよ．場合分けすると非常に複雑であるが，発想を変えれば簡単である．選び出された数を小さい順に並べることにし，数字と数字の間に区切り線を挿入することを考える．たとえば，$n=5$, $k=8$ とすると次のようになる．

$$13251252 \quad \to \quad 11222355 \quad \to \quad 11|222|3||55$$

最後の列をみると，$8 (= k)$ 個の数字の列が $4 (= n-1)$ か所で区切られていることがわかる．このことは $8+4 (= k+n-1)$ 個の文字の並びのうちから自由に 4 か所を区切り線にする場合の数に一致する．したがって，求める数は

$$_{k+n-1}C_{n-1}$$

である．この数を**重複組合せ**といい，${}_nH_k$ と書く．

カタラン数

次の 4 つの問題を考えてみよう（図はいずれも $n=3$ のときの一例である）．

（1）$(n+1)$ チームからなるトーナメント戦による大会を開くことになった．（平等・不平等を一切考えないとすると）トーナメント表は何通り考えられるか？ ただし，トーナメント表で，トーナメント線は下から上へと交差しないものとし，隣接したチームとしか対戦しないものとする．

2章　場合の数　　　　　　　17

（2）正 $(n+2)$ 角形を考えたとき，これを $(n-1)$ 本の対角線で三角形に分割する方法は何通りあるだろうか？

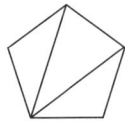 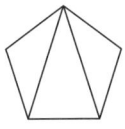 ...

（3）$(n+1)$ 個の数を掛け算するとき，掛け算の順番を決める括弧のつけ方の総数はいくらか？

$$a(b(cd)) \quad , \quad ((ab)c)d \; , \cdots$$

（4）$(n \times n)$ の正方形を対角線で半分にした形の街路の最短経路の総数はいくらか？

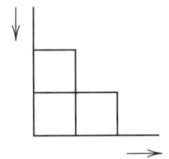

いろいろな問題のようにみえるが，答えはどれも等しい．表にしてみると次のようになっている．

n	1	2	3	4	5
	1	2	5	14	42

この場合の数は実は

$$\frac{{}_{2n}\mathrm{C}_n}{n+1} = \frac{(2n)!}{n!(n+1)!}$$

になる．この数は**カタラン数**とよばれる．

第 2 章　章末問題 A

A-1. ジョーカーを含まない 1 組のトランプから 5 枚のカードを選んだとする．その場合の数はいくつか．

A-2. 1 組のトランプの中から 5 枚のカードをひいたとする．ひいたカードのマーク（♣, ♦, ♥, ♠）がすべて一致しているような場合の数はいくつか．これは，ポーカーの役の「フラッシュ」の場合の数である．

A-3. 1 組のトランプの中から 5 枚のカードをひいたとする．このとき，A（エース）が 2 枚と，A 以外の互いに数字の異なるカードが 3 枚であるような場合の数はいくらか．これを用いて，ポーカーの役の「ワンペア」の場合の数を求めよ．

A-4. 1 組のトランプの中から 5 枚のカードをひいたとする．このとき，A（エース）が 2 枚，2 が 2 枚，A と 2 以外のカードが 1 枚であるような場合の数はいくらか．これを用いて，ポーカーの役の「ツーペア」の場合の数を求めよ．

A-5. 1 組のトランプの中から 5 枚のカードをひいたとする．このとき，A, 2, 3, 4, 5 が一枚ずつであるような場合の数はいくらか．これを用いて，ポーカーの役の「ストレート」の場合の数を求めよ．ただし，ストレートとは A を間に含むような並びは含まない．10, J, Q, K, A はストレートであるが，J, Q, K, A, 2 や K, A, 2, 3, 4 はストレートとはよばない．

A-6. 相撲で一人の力士が一場所戦ったときの星取表の場合の数を求めよ．ただし休場は負けと数えることにする．9 勝 6 敗で場所を終わった力士の星取表の場合の数を求めよ．

第 2 章　章末問題 B

B-1. 定理 2.1 を階乗を用いて証明せよ．

B-2. カタラン数が p.16-17 で紹介したいくつかの場合の数と一致することを証明せよ．

B-3. 次で示した C 言語の関数が，与えられた非負の整数 n, k に対して，$_nC_k$ を返り値とすることを示せ．

```c
int nCk(int n,int k)
{
    if(n<0 || k<0 || n<k) return 0;
    else if(n==0) return 1;
    else return nCk(n-1,k)+nCk(n-1,k-1);
}
```

コラム　巨大な場合の数・微小な確率

　巨大な場合の数を数えて楽しもう．「タイプライターの前に小鳥がいるとして，その鳥がタイプライターのキーをおして，コナン＝ドイルの『バスカーヴィル家の犬』の原稿を書く確率はどのくらいか」という計算をしてみよう．小説にはアルファベットのほかに改行や空白などの文字もあるわけだから，文字の種類は 50 くらいあると見積もろう．『バスカーヴィル家の犬』が N 文字だとして，まず N を求め，N 文字を適当に選んだ（小鳥に選ばせた？）として，それが何通りあるのかを計算するわけだ．その場合の数は 50^N となる．コナン＝ドイルの書いたものは 1 通りしかないから，分子は 1．したがって，その確率は $1/50^N$ となる．

　さて，手許にあるペーパーバック版で『バスカーヴィル家の犬』は 144 ページ，1 ページに 40 行，1 行に 70 文字くらい入る．もちろん，改行や改ページもあるから，実際の数はずっと少ないだろうが，9 割以下ということはないから，桁を調べる分にはこれでよい．つまり，$N = 144 \times 40 \times 70 = 403200$ である．50^N が何桁の数かだけわかればよいから，$\log_{10} 5 \sim 0.6990$ を用いて（"$\sim$" は近似の意味を表す記号），

$$\log_{10} 50^N = N \log_{10} 50 \sim 403200 \times 1.6990 \sim 685037.$$

　これが大体「10 の 68 万乗」分の 1 くらいだということになる．驚いた？（サルがハムレットを書く確率を求めた人もいたらしい．考え方は同じ．）

3 確率の加法定理

確率は相対度数，すなわち（事象の起こった回数）÷（試行の回数）と密接な関係があるので，

$$（全事象の確率） = 1$$

と考えるのが自然である．同様に

$$（空事象の確率） = 0$$

と考える．確率が 1 より大きいとは，試行の回数より起こる回数が多くなる可能性があるということであるから，ありえないことである．同様に確率が負ということもない．

以下，事象 A の確率を P(A) で表す．1 つの試行で起こりうる事象の数は有限個でも無限個でもよい．

❏ 例 3.1　サイコロを 1 回振る試行において，A = {⚀} とすると P(A) = 1/6 である．この例でもわかるとおり，A は事象または集合であり，P(A) は 0 以上 1 以下の数である．P(A + B) や P(A) ∪ P(B) は無意味な記述であることに注意しよう．

事象 A と B が互いに排反する事象のとき，A と B の和事象の確率は A の確率と B の確率の和に等しいことが経験的に知られている．これを**確率**

の加法定理という[1]．すなわち

> **定理 3.1**（加法定理）
> $A \cap B = \emptyset$ のとき，$P(A \cup B) = P(A) + P(B)$．

これは直観的には次のように説明できる．試行を n 回繰り返したとき，A の起こった回数を a，B の起こった回数を b とすれば，A と B は同時には起こらないので，$A \cup B$ の起こった回数は $a+b$ である．n が大きいとき a/n, b/n, $(a+b)/n$ はそれぞれ $P(A)$, $P(B)$, $P(A \cup B)$ に近いと予想されるので，上の式が成り立つのは自然である．

❑ **例 3.2** A, B, C のどの 2 つも排反事象であるとき

$$P(A \cup B \cup C) = P(A) + P(B) + P(C).$$

証明 $B' = B \cup C$ とおき，仮定 $A \cap B = \emptyset$, $A \cap C = \emptyset$ より

$$\begin{aligned} A \cap B' &= A \cap (B \cup C) \\ &= (A \cap B) \cup (A \cap B) \\ &= \emptyset \cap \emptyset \\ &= \emptyset \end{aligned}$$

なので

$$\begin{aligned} P(A \cup B \cup C) &= P(A \cup B') \\ &= P(A) + P(B') \\ &= P(A) + P(B) + P(C). \end{aligned}$$

ただし，ここで $B \cap C = \emptyset$ より $P(B') = P(B \cup C) = P(B) + P(C)$ であることを使った． □

事象が 4 つ以上のときも同様である（章末問題 B-3）．

---

[1] 現代の確率論ではこの加法定理をもう少し発展させた命題を確率の公理としてはじめから認めてしまう．同様に，（全事象の確率）$= 1$，（空事象の確率）$= 0$，$0 \leq$（確率）≤ 1 も確率の公理とされる．

これを前述の例に応用しよう．

◻ **例 3.3** 正しいサイコロ，すなわちどの目の出る確率も等しいサイコロでは，各目の出る確率は 1/6 である．なぜなら，{⚀}∪{⚁}∪{⚂}∪{⚃}∪{⚄}∪{⚅} が全事象，したがって，（その確率）＝1 であり，一方，これはたとえば，（⚀の出る確率）×6 に等しいからである．

加法定理より一般的な場合の公式も加法定理から導くことができる．A と B が必ずしも排反事象でないときでも次の定理が成り立つ[2]．

定理 3.2
$$P(A \cup B) = P(A) + P(B) - P(A \cap B).$$

証明 $C = A \cap B$ とおき，A を A′ と C に，B を B′ と C にそれぞれ分ける．すなわち
$$A' = A \setminus C = A \cap \overline{B},$$
$$B' = B \setminus C = \overline{A} \cap B$$
であるとする．

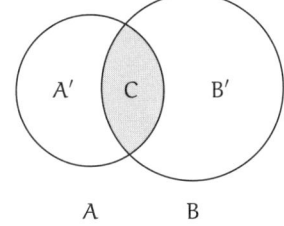

A′, B′ の定義より次の式が成り立つ．
$$A = A' \cup C, \qquad B = B' \cup C,$$
$$A' \cap C = \emptyset, \qquad B' \cap C = \emptyset.$$
したがって，
$$A \cup B = A' \cup C \cup B'$$
であり，しかも A′, C, B′ のどの 2 つも互いに排反事象であるから，例 3.1 より
$$P(A \cup B) = P(A') + P(C) + P(B'). \tag{3.1}$$
また
$$P(A) = P(A' \cup C) = P(A') + P(C), \tag{3.2}$$

---
[2] この定理から，確率が図形の面積に似た性質をもっていることがわかる．実際，現代の確率論は積分理論に基づいており，その意味で面積・体積といった量と密接な関係があるのである．

$$P(B) = P(B' \cup C) = P(B') + P(C) \tag{3.3}$$

である. 式 (3.1),式 (3.2),式 (3.3) より

$$P(A \cup B) = \{P(A') + P(C)\} + \{P(B') + P(C)\} - P(C)$$
$$= P(A) + P(B) - P(C)$$
$$= P(A) + P(B) - P(A \cap B).$$

をえる. □

次の定理は加法定理から直ちに導かれる.

定理 3.3(余事象の定理)　事象 A の確率と余事象 $\overline{A}$ の確率の和は 1 である. すなわち
$$P(\overline{A}) = 1 - P(A).$$

証明　A と $\overline{A}$ は互いに排反事象であって,しかも $A \cup \overline{A} =$ (全事象) であるから

$$P(A) + P(\overline{A}) = P(A \cup \overline{A}) = 1.$$

をえる. □

さて,1 つの試行の結果起こりうる根元事象の数が有限個で,しかも根元事象の確率がすべて**等しい**場合,ある事象 A の確率を A に属する元の個数を用いて表すことができる. すなわち標本空間 $U = \{a_1, a_2, \cdots, a_n\}$ において $\{a_1\}, \{a_2\}, \cdots, \{a_n\}$ の確率がすべて等しいとき,事象 A すなわち U の部分集合 A の確率は

$$P(A) = \frac{(A \text{ に属する元の個数})}{n} \tag{3.4}$$

で与えられる[3].

正しいサイコロの例はこの場合に相当する. 次のような例もよく引用される.

---

[3]　確率論の先駆的研究をしたラプラスは「事象 $\{a_1\}, \{a_2\}, \cdots, \{a_n\}$ が同様に確からしいとき,式 (3.4) によって P(A) を定義する」という形で確率の定義とした. この定義は素朴で理解しやすいが,「同様に確からしい」の意味が数学的に明快でないことや,根元事象が無限個ある場合に対応できないなど,いくつかの問題点を含んでいる.

◘ 例 3.4　袋の中に白玉 s 個と黒玉 k 個が入っており，その中から 1 個の玉を無作為に取り出すとき，どの玉の取り出される確率も等しいならば，白玉が取り出される確率は s/(s + k)，黒玉が取り出される確率は k/(s + k) である[4]．

> **コラム　誕生日の同じ人**
>
> 　どの人にも誕生日はある．2 月 29 日を除けば，日付によって誕生する人の数がそれほど違うとも思われないので，どの日に生まれたかを等確率であると仮定する．クラスで，同じ誕生日の人がいるかどうかを調べてみよう．クラスに N 人いるとして，同じ誕生日の人がいる確率はどれくらいだろうか？その式は簡単だ．N 人の全員が異なる誕生日を持つような確率を求めて 1 からひけばよい．N 人の誕生日の場合の数は 365^N 通り．その中で，全員が異なる誕生日を持つ場合の数は $_{365}P_N$ である．したがって，同じ誕生日の人がいる確率は
>
> $$1 - \frac{_{365}P_N}{365^N}$$
>
> だとわかる．N が増えればこの確率も増える．計算するのは大変だが，N = 23 のときに確率が 0.5 を超えることが知られている．50 人くらいのクラスならば，ほぼ間違いなく誕生日の同じ人がいるということになる．実際に確かめてみよう！

---

[4] この例の証明では，各玉に印，たとえば，通し番号をつけておき「1 番目の玉を取り出す」，「2 番目の玉を取り出す」… などを根元事象と考える．しかし，先に進んで，この例の結果を既知のものとして応用するときは，「白玉を取り出す」と「黒玉を取り出す」の 2 つを根元事象と考えるほうがずっと簡単である．ただし，後者の場合，根元事象それぞれの確率は必ずしも等しくない．

第3章 章末問題 A

A-1. $P(A) = 1/3$, $P(B) = 1/2$, $A \cap B = \emptyset$ のとき $P(A \cup B)$, $P(\overline{A})$, $P(\overline{A} \cap B)$ を求めよ．

A-2. $P(A) = 1/5$, $P(B) = 1/4$, $P(A \cup B) = 1/3$ のとき $P(A \cap B)$, $P(A \cap \overline{B})$, $P(\overline{A} \cap B)$ を求めよ．

A-3. $P(A) = 1/3$, $P(B) = 1/4$, $P(A \cap B) = 1/5$ のとき $P(A \cup B)$, $P(A \cup \overline{B})$, $P(\overline{A} \cup B)$ を求めよ．

A-4. a, b を実数とし，$P(A) = a$, $P(B) = b$, $P(A \cap B) = ab$ のとき，$P(A \cap \overline{B})$, $P(\overline{A} \cap B)$, $P(\overline{A} \cap \overline{B})$ を求めよ．

第3章 章末問題 B

B-1. $A \subset B$ ならば $P(A) \leq P(B)$ であることを示せ．

B-2. $P(\overline{A} \cap B) = P(B) - P(A \cap B)$ を示せ．

B-3. n 個の互いに排反な事象 $A_1, \cdots, A_n$ に対し，
$$P(A_1 \cup \cdots \cup A_n) = P(A_1) + \cdots + P(A_n)$$
であることを，数学的帰納法を用いて証明せよ．

B-4.
$$P(A_1 \cup A_2 \cup A_3) = P(A_1) + P(A_2) + P(A_3)$$
$$- \{P(A_1 \cap A_2) + P(A_2 \cap A_3) + P(A_3 \cap A_1)\} + P(A_1 \cap A_2 \cap A_3)$$
を証明せよ．

B-5. 標本空間 U が無限集合であり，かつすべての根元事象の確率が等しいとしたとき，確率はどうなると考えられるか？　たとえば，U を整数の集合とし，U の元 1 について，$A = \{1\}$ とする．つまり，「任意の整数を1つ選んだとき，1が選ばれる確率」$P(A)$ を考えよう．相対度数の考え方からすると，分母が無限大であるから $P(A) = 0$ になるように思われる．これは「事象 A が起こらない」ことを意味するだろうか？　それとも，宝くじのように「確率は低いが当たらないとも限らない」ことを意味するだろうか？　自分の考えを述べてみよ．

4 条件付き確率と乗法定理

空でない事象 A と B について考える．1 つの試行の結果，なんらかの理由で事象 A が起こったことがわかったが，事象 B が起こっているかどうかはわからないとする．このような場合にも事象 B の起こりやすさ（あるいは起こっている可能性）を調べることができる．このときの事象 B の起こりやすさのことを，事象 A のもとでの事象 B の**条件付き確率**という．

> **例題 4.1** 正しいサイコロを振ったところ，なんらかの理由で出た目が奇数であることがわかった．このとき出た目が 3 以下である条件付き確率を求めよ．

解答 A =「出た目が奇数」= {⚀, ⚂, ⚄} とする．A が起こったことがわかっているということは，A を全事象と考えることに他ならない．このときも ⚀, ⚂, ⚄ それぞれの出やすさに差はないから，3 以下の目が出るという事象 {⚀, ⚂} の条件付き確率は 2/3 である．

事象 A のもとでの事象 B の条件付き確率を記号 $P_A(B)$ で表す．この値は一般には単に B の起こる確率 $P(B)$ と異なる．

❏ **例 4.1** サイコロを振ったときの事象「3 以下の目が出る」の確率は，

$$\{⚀, ⚁, ⚂, ⚃, ⚄, ⚅\}$$

を全事象としたときの {⚀, ⚁, ⚂} の確率であるから 1/2 となり，上記の

条件付き確率とは異なる．

$P_A(B)$ に関する重要な公式を求めよう．事象 $A\cap B$, $A\cap \overline{B}$, $\overline{A}$ は互いに排反する事象であり，かつこれらの和集合は全事象 U である．A が起こっているという条件をおくことは，$\overline{A}$ を無視することだから，$A\cap B$ と $A\cap \overline{B}$ の起こりやすさの比率を，この2つだけの和で1になるように換算すれば条件付き確率が求められる．すなわち，

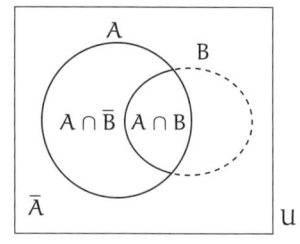

$$P_A(B) = \frac{P(A\cap B)}{P(A\cap B) + P(A\cap \overline{B})} = \frac{P(A\cap B)}{P(A)}.$$

見方を変えて，これが $P_A(B)$ の定義の式であると考えることもできる．通常はこの式を変形したものを**確率の乗法定理**とよんでいる．

定理 4.1（乗法定理） 事象 A と事象 B がともに起こる確率は，事象 A の確率と事象 A のもとでの事象 B の条件付き確率の積に等しい．すなわち

$$P(A\cap B) = P(A)P_A(B).$$

注意 4.1 もし $P(A) = 0$ の場合には，$0 \leq P(A\cap B) \leq P(A) = 0$ であることから $P(A\cap B) = 0$ である．この場合には，$P_A(B) = 0$ であると解釈する．

◻ **例 4.2** ふたたび例題 4.1 を考察しよう．U = {⚀, ⚁, ⚂, ⚃, ⚄, ⚅}, A =「出た目が奇数」= {⚀, ⚂, ⚄}, B =「出た目が3以下」= {⚀, ⚁, ⚂} とすると，$P(A) = 1/2$, $P(A\cap B) = P(\{⚀, ⚂\}) = 1/3$ と例題 4.1 で求めた $P_A(B) = 2/3$ の間に，たしかに

$$P(A)P_A(B) = \frac{1}{2}\cdot\frac{2}{3} = \frac{1}{3} = P(A\cap B)$$

が成り立っている．

例題 4.2 1組のトランプからジョーカーとハートのJ, Q, Kを除いておく．この中から1枚のカードを無作為に選んだ．ただし，どのカードの選ばれる確率も平等とする．
（1） それがA（エース）である確率を求めよ．
（2） それがハートであったとして，Aである確率を求めよ．

解答
（1） 全49枚のカード中Aは4枚だから，P(Aである) = 4/49．
（2） ハートのカードはA, 2, 3, 4, 5, 6, 7, 8, 9, 10の10枚．その中からAが選ばれる確率 = 1/10．すなわち，$P_{ハートである}$(Aである) = 1/10．

先にも述べたとおり，条件付き確率と何も条件のないときの確率とは一般に異なる．このことは例題4.2をみてもわかるであろう．しかし，特別な場合には両者が等しくなることがある．

☐ **例 4.3** ジョーカーを除いた1組のトランプから1枚のカードを無作為に選ぶ．
（1） 52枚中4枚がAだから，選んだのがAである確率はP(Aである) = 4/52 = 1/13 である．
（2） それがハートであったとするとAからKまでの13枚中Aは1枚だから，$P_{ハートである}$(Aである) = 1/13 となる．

例4.3のように事象Aのもとでの事象Bの条件付き確率と事象Bの（無条件の）確率とが等しいとき，すなわち

$$P_A(B) = P(B)$$

が成り立つとき，事象AとBは互いに**独立**であるという[1]．一方，例題4.2のように独立でないときは**従属**であるという．乗法定理からただちに次の定理が導かれる．

---

[1] 根元事象の確率がすべて等しい場合は，AとBが独立であるとはBに属する元の占める割合がU全体の中でもAの中でも同じ比率になっていることと考えることができる．

> **定理 4.2** 事象 A と B が独立であるための必要十分条件は
> $$P(A \cap B) = P(A)P(B)$$
> が成り立つことである．

この定理により，次の系が導かれる．

> **系 4.3**
> $$P_A(B) = P(B) \iff P_B(A) = P(A).$$

この系により，事象 A, B について，「A のもとで B が独立」と「B のもとで A が独立」とは必要十分条件であることがわかる．このことをふまえて「互いに独立」といったのである．

コラム　3枚のカード

3枚のカードがある．1枚は両面とも黒，1枚は両面とも赤，1枚は表が黒で裏が赤である．この3枚から1枚を任意に選び出し，机の上においたところ，黒いカードだった．このカードの裏側（机にふれている面）が赤である確率を求めよ．1/2のような気がするかもしれないが答えはそうではない．

3枚のカードの面は全部で6面．そのうち黒い面は3面あるのだから，机の上においたカードの上面が黒になる確率は 1/2．上面が黒で下面が赤であるような起こり方は6通りのうち1通りしかないので，その確率は 1/6．つまり，上面が黒いカードだったときに，下面が赤であるという条件付き確率は

$$\frac{(1/6)}{(1/2)} = \frac{1}{3}$$

である．

同じ答えを別の考え方からも導くことができる．上面が黒だとわかった段階で，その可能性は3通りある．1つは「黒赤」のカードの場合．残りの2つは「黒黒」のカードの場合で，重要なのは「黒黒」のカードの起こり方は2通りあるということだ．すなわち全部で3通りあって，問題にされる組合せは1通りなので，その確率は 1/3 である．

第4章 章末問題 A

A-1. 事象 A, B に対して, $P(A) = 3/8$, $P(B) = 5/8$, $P(A \cup B) = 3/4$ のとき, 次を求めよ.
(1) $P_B(A)$
(2) $P_A(B)$

A-2. サイコロを振ったとき,「出た目が奇数である」を事象 A,「出た目が 4 以下である」を事象 B,「出た目が 3 以下である」を事象 C とする.
(1) A と B は独立であることを示せ.
(2) A と C は従属であることを示せ.
(3) C と独立な事象の例を 1 つあげよ.

A-3. A と B が独立として, $P(A) = p$, $P(B) = q$ とする. 次を p, q で表せ.
(1) A が起こらず B が起こる確率.
(2) A も B も起こらない確率.
(3) A または B が起こる確率.

A-4. 3 台の機械 A, B, C がそれぞれ製品の 60%, 30%, 10% を生産し, それぞれその内の 2%, 3%, 4% が不良品であるとする. 製品の中から無作為に 1 つを取り出したところ, 不良品であった. この製品が B から生産されたものである確率を求めよ.

A-5. 将棋棋士 4 人がトーナメント戦を行う. プレーヤーは A, B, C, D の 4 人で, 最初は A, B が対戦し, 次に C, D が対戦し, 勝者同士が決勝戦を争う. これまでの対戦成績を表にしたところ, 次のようになった.

自分／相手	A	B	C	D	合計
A	●	7	3	9	19 勝 11 敗
B	1	●	11	6	18 勝 11 敗
C	6	1	●	5	12 勝 15 敗
D	4	3	1	●	8 勝 20 敗

勝ち数の比をそのままその相手との相性のよさと考えるとき, 4 人の中で誰がもっとも優勝する可能性が高いか.

A-6. サイコロを 1 回振ったとき, サイコロの目が 3 以下である事象と, サイコロの目が偶数である事象とは従属である. それでは, サイコロを 2 回振ったとき, 1 回目に 3 以下が出る事象 A と 2 回目に偶数の目が出る事象 B とは, 従属かそれとも独立か.

A-7. あなたはテレビ番組でくじを引くことになった. くじは全部で 3 本あり,

当たりは1本．司会者はどれが当たりであるかを知っている．あなたはくじのうちの1つを握り締めた（まだ中身はみていない）．司会者は「残ったくじの中から，私がハズレくじを取り除きます．あなたには，1回だけくじを取り替える権利があります．」といいながら，残ったくじのうちからハズレくじを取り除いた．さて，ここで問題．あなたは握り締めたくじを開けてもいいし，くじを交換してもう1つのほうのくじを開けてもよい．どちらのほうがあなたにとって有利だろうか？

第4章　章末問題 B

B-1. U を全事象，$P(B) > 0$ とするとき，$P_B(U) = 1$ を示せ．

B-2. A, B を事象，$P(B) > 0$ とするとき，$P_B(\overline{A}) = 1 - P_B(A)$ を示せ．

B-3. A_1 と A_2 が排反であり，かつ $P(B) > 0$ とするとき，$P_B(A_1 \cup A_2) = P_B(A_1) + P_B(A_2)$ を示せ．

B-4. $P(B) > 0$ かつ $P(A) > 0$ とするとき $P_B(A)P(B) = P_A(B)P(A)$ を示せ．

B-5. $P(B) > 0$ とするとき，$P_B(A_1 \cup A_2) = P_B(A_1) + P_B(A_2) - P_B(A_1 \cap A_2)$ を示せ．

B-6. A と B が独立のとき，$\overline{A}$ と B は独立であることを示せ．

B-7. 空でない事象 B, A_1, A_2 が，$A_1 \cap A_2 = \emptyset$ かつ $U = A_1 \cup A_2$ をみたすとき，次を示せ．

（1） $P(B) = P(A_1)P_{A_1}(B) + P(A_2)P_{A_2}(B)$

（2） $P_B(A_1) = \dfrac{P(A_1 \cap B)}{P(B)} = \dfrac{P(A_1)P_{A_1}(B)}{P(A_1)P_{A_1}(B) + P(A_2)P_{A_2}(B)}$

B-8. 空でない事象 $B, A_1, A_2, \cdots, A_n$ が，$A_i \cap A_j = \emptyset \ (i \neq j)$ かつ $U = A_1 \cup A_2 \cup \cdots \cup A_n$ をみたすとき，次を示せ．この公式をベイズの定理とよぶ．

（1） $P(B) = P(A_1)P_{A_1}(B) + P(A_2)P_{A_2}(B) + \cdots + P(A_n)P_{A_n}(B)$

（2）
$$P_B(A_i) = \frac{P(A_i \cap B)}{P(B)}$$
$$= \frac{P(A_i)P_{A_i}(B)}{P(A_1)P_{A_1}(B) + P(A_2)P_{A_2}(B) + \cdots + P(A_n)P_{A_n}(B)}$$

B-9. n 人の（番号付けされた）人と，n 個の（番号付けされた）椅子があるとする．まず，1番の人は任意の席に座る．2番以降の人は次のルールに従って座る．もし自分の番号の席に誰も座っていなければ，その席に座る．もし自分の番号の席に誰かが座っていたら，空いている任意の席に座る．このようにして，順に座っていくことにしたとき，最後の人（n 番の人）が自分の席（n 番の席）に座れる確率がいくつであるか考えよう．

（1） $n=2$ のときは，求める確率はいくらか．
（2） $n=3$ のときは，求める確率はいくらか．1人目が自分の席に座った場合と，1人目が他人の席に座った場合とに場合分けして計算せよ．
（3） $n \geq 2$ のときには求める確率はいつでも $1/2$ であることを証明せよ．

5　独立試行

　いくつかの試行を続けて行うこともしばしばある．たとえば，同じサイコロを2回振ること，サイコロを1回振りそのあと硬貨を1枚投げること，あるいはトランプの山から1枚カードをひき，戻さずにもう1枚ひくことなどである．このような複数回の試行の組を1つの試行と考えたとき，事象とはどのようなものであるかを考える．

❒ **例 5.1**　同じサイコロを無作為に2回振ることを考える．このときたとえば，「1回目に奇数の目が出て，2回目に ⚃ が出る」は事象の1つである．「⚂ がちょうど1回出る」も事象であるが，これは「1回目に ⚂ が出て，2回目に ⚂ 以外が出るか，または1回目に ⚂ 以外が出て，2回目に ⚂ が出る」と書くことができる．

❒ **例 5.2**　硬貨を2回投げるという試行で，たとえば，「1回目に表が出て2回目に裏が出る」という事象を {(表,裏)} と書くことにすれば，全事象に対応する集合は {(表,表),(表,裏),(裏,表),(裏,裏)} であり {(表,裏)} などが根元事象である．

❒ **例 5.3**　1つのサイコロを2回振ることと，2つの同じ性質のサイコロを同時に振ることとは同じことである．第1のサイコロが転がることが1

回目の試行にあたり，第 2 のサイコロが転がることが 2 回目の試行にあたると考えられるからである[1]．

2 回の試行を組み合わせたときに起こる事象のうち特に「1 回目の試行で A が起こりかつ 2 回目の試行で B が起こる」という事象を

$$\langle A, B \rangle$$

と簡略化して書くこととし，**事象列**とよぶことにする．同様に 3 回以上の事象の組に対しても事象列 $\langle A, B, C \rangle$，$\langle A_1, A_2, \cdots, A_n \rangle$ などを考えることができる．ただし，すべての事象が事象列の形に書き表されるわけではなく，いくつかの事象列を「または」で組み合わせないと表せないこともある．

事象列についても条件付き確率を考えることができ，乗法定理は

$$P(\langle A, B \rangle) = P(1 \text{回目に} A) P_{1\text{回目に}A}(2\text{回目に} B) \tag{5.1}$$

となる[2]．

例題 5.1 袋の中に白玉 3 個，黒玉 3 個が入っており，どの玉の取り出される確率も常に平等であるとする．その中から玉を 1 個取り出すことを第 1 の試行，それを袋に戻さずにもう 1 個取り出すことを第 2 の試行とする．このとき次を求めよ．
 (1) 1 回目に白玉が取り出されたという条件のもとで 2 回目が黒玉である確率．
 (2) 1 回目が白という条件のもとで 2 回目も白である確率．
 (3) 1 回目が白であり，かつ 2 回目が黒である確率．
 (4) 1 回目が白であり，かつ 2 回目も白である確率．

---

1) 「第 1 のサイコロの目が ⚀ で第 2 のサイコロの目が ⚃」という事象と「第 1 のサイコロの目が ⚃ で第 2 のサイコロの目が ⚀」という事象とは**区別ができない**という誤解がときとして見受けられるが，これらは別個の事象である．われわれは理想的に近いサイコロをたくさん知っているが，実験は区別ができるというほうを支持している．すなわち，サイコロはいかに似たもの同士であっても，太郎サイコロ，次郎サイコロといった名前を持っているとみなすのである．

2) 事象「1 回目に A が起こる」は詳しくいえば「2 回目に何が起こってもよいから，とにかく 1 回目に A が起こる」ということであり，事象列 $\langle A, 全事象 \rangle$ で表される．同様に「2 回目に B」は $\langle 全事象, B \rangle$ で表される．

解答
(1) 2回目の試行は白玉2個,黒玉3個入っている状態の袋から玉を1個取り出すことに他ならない.したがって,黒玉を取り出す確率は 3/5.
(2) 同様に白玉を取り出す確率は 2/5.
(3) 1回目に白玉を取り出す確率は 1/2.
題意は事象列〈白玉を取り出す,黒玉を取り出す〉の確率を求めることだから,乗法定理から $(1/2) \times (3/5) = 3/10$.
(4) 同じく,$(1/2) \times (2/5) = 1/5$.

例題 5.2
(1) 1組のトランプ(ジョーカーを除く)の中から1枚を選んだところ,ハートであった.これを戻さずにもう1枚無作為に選んだとき,2枚目がA(エース)である条件付き確率を求めよ.ただし,どのカードの選ばれる確率も平等とする.
(2) 同様に,1枚目がK(キング)であったとして,2枚目が1である条件付き確率を求めよ.

解答
(1) 「選んだのがハート」を単に♥(ハート)と書くなどのようにすれば,〈♥,1〉= 〈♥の1,1〉∪〈♥で1以外,1〉であり,右辺は互いに排反する事象の和事象であるから,加法定理と乗法定理を使えば

$$P(\langle \heartsuit, 1\rangle) = P(\langle \heartsuit の 1, 1\rangle) + P(\langle \heartsuit で 1 以外, 1\rangle)$$
$$= \frac{1}{52} \times \frac{3}{51} + \frac{12}{52} \times \frac{4}{51}$$
$$= \frac{1}{52}.$$

一方,左辺は

$$P(1回目が\heartsuit)P_{1回目が\heartsuit}(2回目が1) = \frac{1}{4} \times (求める条件付き確率)$$

となるから,(求める条件付き確率) $= 1/13$.
(2) 乗法定理から $P(\langle K, 1\rangle) = (1/13) \times (4/51)$. よって,これを $P(1回目がK)$ ($= 1/13$) で割った答え $4/51$ が求める条件付き確率 $P_{1回目がK}(2回目が1)$ である.(1),(2)を比べると,1回目の事象によって「2回目が1」の条件付き確率が異なることに注意.

1回目の試行の結果どの事象が起ころうとも,2回目の試行で起こるどの事象の確率にもいっさい影響がないとき,2回の試行の組を(2回の)独

立試行という．すなわち，条件付き確率

$$P_{1回目にA}(2回目にB)$$

が事象 A にはよらず事象 B だけで決まる値になるとき独立試行という．実際には，1 回目に起こった結果の影響がまったくなくなると推測される状態のもとで 2 回目の試行が行われるとき独立試行といってよい．たとえば，サイコロを 1 回ごとに手の中でよく転がしてから振れば，ほぼ独立試行になるものと考えられる．前述の例 5.1 と例 5.2 の試行の組は独立試行であるが，例題 5.1 と例題 5.2 の場合はそうでない．

2 回の独立試行においては，条件付き確率 $P_{1回目にA}(2回目にB)$ は A に無関係であるから，これを P(2 回目に B) と書いてもさしつかえない．さらにサイコロを続けて振るときのように同一の試行を独立に繰り返すときは，1 回目に起こる事象と 2 回目に起こる事象が共通であって確率も等しいので[3]，P(1 回目に A)，P(2 回目に B) などのようにいちいち回数を書かずに P(A)，P(B) と書くことができる．同じ試行を 2 回独立に繰り返すことを（2 回の）**重複試行**という．今のことと式 (5.1) とから，2 回の重複試行においては

$$P(\langle A, B \rangle) = P(A)P(B) \tag{5.2}$$

が成り立つ．

3 回以上の試行の組について独立性を一般的に論じるのは簡単ではない．3 回以上の重複試行は同じ試行を独立に繰り返すことであるが，「同じ試行」という言葉をきちんと表現することすらそう容易ではない．したがってここでは重複試行とは，各回に起こる事象がすべて共通であって，任意の事象 $A_1, A_2, \cdots, A_n$ に対し

$$P(\langle A_1, A_2, \cdots, A_n \rangle) = P(A_1)P(A_2)\cdots P(A_n) \tag{5.3}$$

が成り立つような試行の組のことであると定義する[4]．式 (5.3) が成り立てば，何回目の試行であっても，またその前にどんな事象が起こっていても，A_j の条件付き確率が $P(A_j)$ に等しいことを（計算は複雑になるが）確かめることができる．

---

3) 実はこのことが「同じ試行」という言葉の定義である．
4) ここでたとえば，$P(A_1)$ はただ 1 回の試行で A_1 が起こる確率のことである．

n 回の重複試行の結果起こる事象のうち特に興味が持たれるのは,「事象 A が r 回起こる」という事象である. 確率 p で起こる事象 A に着目したときの重複試行のことを特に**確率 p の重複試行**という.

□ **例 5.4** サイコロを 1 回振ったとき, ・が出ることを A とする. 2 回振るという重複試行において「・が 1 回も出ない」は事象列 $\langle \overline{A}, \overline{A} \rangle$ で,「・が 1 回だけ出る」は 2 つの排反する事象列の和事象 $\langle A, \overline{A} \rangle \cup \langle \overline{A}, A \rangle$ で,「・が 2 回出る」は事象列 $\langle A, A \rangle$ でそれぞれ表すことができる.

□ **例 5.5** 確率 p の 3 回の重複試行において (着目する事象を A として)「A が 2 回起こる」は 3 つの排反事象の和事象 $\langle A, A, \overline{A} \rangle \cup \langle A, \overline{A}, A \rangle \cup \langle \overline{A}, A, A \rangle$ で表すことができる. 試行の独立性から, 式 (5.2) より

$$P(\langle A, A, \overline{A} \rangle) = P(\langle A, \overline{A}, A \rangle) = P(\langle \overline{A}, A, A \rangle) = P(A)^2 P(\overline{A}) = p^2(1-p).$$

したがって, 加法定理から $P(A \text{ が } 2 \text{ 回起こる}) = 3p^2(1-p)$.

定理 5.1 $P(A) = p$ としたとき, n 回の重複試行においては

$$P(A \text{ が } r \text{ 回起こる}) = {}_nC_r p^r (1-p)^{n-r} \quad (r = 0, 1, \cdots, n).$$

証明 事象「A が r 回起こる」は, 事象列の n 個の成分のうち r 個が A, 残りの (n − r) 個が $\overline{A}$ であるものの和事象である. このような事象列は ${}_nC_r$ 種類あり, しかもすべて排反事象であるので, 例 5.5 と同様に考えればよい. □

この公式は後に二項分布のところでふたたび取り上げる.

n 回の重複試行における結果は r = 0 (回) から r = n (回) までのいずれかであることから, 次の公式が得られる. この公式は q = 1 − p とおいて, $(p+q)^n$ を展開することによっても得られる.

定理 5.2

$$\sum_{r=0}^{n} {}_nC_r p^r (1-p)^{n-r} = 1.$$

第5章 章末問題 A

A-1. 袋の中に白玉 s 個と黒玉 k 個が入っており，どの玉の取り出される確率も常に平等であるとする．その中から玉を 1 個取り出すことを第 1 の試行，それを戻さずにもう 1 個取り出すことを第 2 の試行とする．次を求めよ．
(1) 1 回目が白であるという条件の下で 2 回目が黒である確率．
(2) 1 回目が白であるという条件の下で 2 回目も白である確率．
(3) 1 回目が白であり，かつ 2 回目が黒である確率．
(4) 1 回目が白であり，かつ 2 回目も白である確率．

A-2. ある銃の射手が標的に命中する確率が 0.6 であるとき，次を求めよ．
(1) 4 回撃って，2 回だけ標的に命中する確率．
(2) 4 回撃って，少なくとも 1 回標的に命中する確率．
(3) この射手が少なくとも 1 回標的に命中する確率を 0.999 より大きくするためには，少なくとも何回撃たなければならないか．

A-3. 4 題の問題があって，各問題には 8 つの解答の選択肢が与えられているが，そのうち正しいものは 1 つだけである．受験生がまったくランダムに解答を選ぶとき，少なくとも 3 問を正解する確率を求めよ．

A-4. あるプロ野球チーム A がチーム B に勝つ確率は 0.6，負ける確率は 0.4 である．チーム A とチーム B が日本シリーズ 7 回戦を戦う．先に 4 勝したほうが勝ちである．チーム B が日本シリーズを制する確率を求めよ．

第5章 章末問題 B

B-1. 2 人の人 A, B がカードで勝負をすることにした．ただし，A のほうが上手なので，1 回のプレーで A の勝つ確率 p は 1/2 より大きいものとする．相手より 2 つ多く勝ったほうが最終的な勝者であるとするとき，A が勝つ確率を求めよ．

B-2. ある銃の射手が標的に命中する確率が 0.6 であるとする．この射手が少なくとも 1 回標的に命中する確率を $1 - 10^{-k}$ より大きくするためには，少なくとも何回撃たなければならないか．ただし，$\log_{10} 2 \simeq 0.3010$ を用いて計算すること．

B-3. 当たりくじ ℓ 本を含む n 本のくじを k 人の人 $A_1, A_2, \cdots, A_k$ ($k \leq n$) がこの順に引くとき，A_i ($1 \leq i \leq n$) が当たる確率を求めよ．この計算から，くじを順に引くとき，引く順番による不公平があるかどうかを論ぜよ．

コラム　テニスと確率

　テニスは最初がラブ（love），1 ポイントとるとフィフティーン（15），2 ポイントとるとサーティ（30），3 ポイントとるとフォーティ（40），4 ポイント先取するとそのゲームをとることができる．プレーヤーが 2 人とも 3 ポイントとった場合には「デュース（deuce）」といって，相手より 2 ポイント勝ち越さなければそのゲームをとることができない．デュースから 1 ポイントとるとアドバンテージ（advantage），そこから引き続きポイントをとれればゲームをとれるが相手がポイントをとればふたたびデュースへ戻る仕組みだ．

　テニスはサーブをするほうが圧倒的に有利とされている．そこで，サーブをするプレーヤーが確率 p でポイントをとれるものとしよう．レシーブをするプレーヤーがポイントをとれる確率は $q = 1 - p$ ということになる．このときに，サーブ側がゲームをとる確率はいくらか計算してみよう．計算自体は単純だが，デュースが延々と続くこともあるため，級数の考え方が必要になってくる．

- 相手に 1 ポイントも与えずにゲームをとる確率：p^4
- 相手に 1 ポイント与えてゲームをとる確率：$4p^4q$
- 相手に 2 ポイント与えてゲームをとる確率：$10p^4q^2$
- デュースになる確率：$20p^3q^3$

デュースになった場合，2 ポイントのうちにゲームをとれる確率は p^2，相手がゲームをとる確率は q^2，残り（$2pq$）はふたたびジュースになる場合だ．したがって，n 回目のデュースになる確率は

$$20p^3q^3 \times (2pq)^{n-1}$$

であり，そこからゲームをとれる確率は

$$20p^3q^3 \times (2pq)^{n-1} \times p^2 = 20p^5q^3(2pq)^{n-1}$$

である．以上をすべて加えて，

$$p^4 + 4p^4q + 10p^4q^2 + \sum_{n=1}^{\infty} 20p^5q^3(2pq)^{n-1}$$
$$= p^4(1 + 4q + 10q^2) + \frac{20p^5q^3}{1 - 2pq}$$

となる．それでは 9 割の確率でサーブをするプレーヤーがゲームをとるためには，p がどのくらいならばよいか．これを計算してみると，$p \sim 0.699338$ であることが計算できる（記号 "$\sim$" は近似の意）．つまり，7 割の確率でポイントがとれれば，ほぼゲームはとれる，ということだ．

6 確率変数と確率分布

量 X の値がなんらかの試行の結果はじめて定まるものであるとき，X を**確率変数**という．

❏ **例 6.1** サイコロの目の数を X の値と考えれば，X は確率変数で，とりうる値の集合は $\{1,2,3,4,5,6\}$ である[1]．このとき，たとえば，「X の値が 1」は 1 つの事象である．「(X の値) ≤ 4」「X の値が奇数」なども事象である．簡単のため「X の値が 1」を「X = 1」，「(X の値) ≤ 4」を「X ≤ 4」などと書く．$P(X = 1) = 1/6$ は事象「X = 1」の確率が 1/6 であることを示す式である．

❏ **例 6.2** ある検出装置に 1 分間に飛び込む宇宙線粒子の個数を X とする．1 回の測定を 1 つの試行と考えれば，X は確率変数である．とりうる値の範囲は $\{0, 1, 2, \cdots\}$ であると考えるのが自然である．

❏ **例 6.3** さまざまな人の身長について調査しようとするときには，1 人の人の身長を測定することを 1 つの試行と考えてよい．大人になって確定した身長を X としよう．身長がどこまで詳しく定まるものかはむずかしい問題かもしれないが，統計の対象あるいはモデルとして考えるときには，

---

[1] サイコロの目が ⸪ のときに X = 3 と考えるのであるが，つまり ⸪ と 3 とを区別して考えるということである．

任意の正の実数の値をとりうると考えるのが自然である．すなわち，X は値の集合が正の実数全体であるような確率変数である．

例 6.1 はとりうる値の集合が有限集合の場合である．例 6.1 や例 6.2，あるいはとりうる値の集合が必ずしも整数や等間隔でなくても，たとえば，$\{1, 1/2, 1/3, \cdots\}$ のようにとりうる値がとびとびであるという場合も考えられる．このような確率変数を**離散的確率変数**という．それに対し，例 6.3 のようにとりうる値が連続的に変化するものを**連続的確率変数**という．連続的確率変数の場合の扱いは離散的な場合とかなり様子が異なる．われわれはまず，とりうる値が有限個の場合からはじめよう．

確率変数 X の値の集合が

$$\{x_1, x_2, \cdots, x_s\},$$
$$P(X = x_1) = p_1, \quad P(X = x_2) = p_2, \quad \cdots, \quad P(X = x_s) = p_s$$

であったとする．各 p_k は $0 \leq p_k \leq 1$ をみたし，$p_1 + p_2 + \cdots + p_s = 1$ である．このような x_k と p_k の対応関係を**確率分布**といい，それを表にしたものを**確率分布表**という．

❏ **例 6.4** 例 6.1 での（サイコロを 1 回振ったときの出目）X の確率分布は次の表によって与えられる．

X の値	1	2	3	4	5	6
確率	1/6	1/6	1/6	1/6	1/6	1/6

❏ **例 6.5** 確率 1/2 の 2 回の重複試行の結果，事象の起こる回数を X とすると，X の確率分布は定理 5.2 から次表のようになる．

X の値	0	1	2
確率	1/4	1/2	1/4

また確率 1/3 の 4 回の重複試行では，事象の起こる回数 X の確率分布は次表で与えられる．確率は

$$P(X = r) = {}_4C_r \left(\frac{1}{3}\right)^r \left(\frac{2}{3}\right)^{4-r}$$

Xの値	0	1	2	3	4
確率	16/81	32/81	24/81	8/81	1/81

によって計算したものである.

> **例題 6.1** 白玉3個,黒玉3個入った袋から玉を一度に2個無作為に取り出す.白玉の取り出された個数をXとしたとき,Xの確率分布を求めよ.

解答 一度に2個取り出すかわりに1個取り出し,もとに戻さずにさらに1個取り出しても同じことである(例題5.1参照.独立試行ではないことに注意).6個の中から2個を取り出して並べる場合の数は $_6P_2 = 30$ (通り).$X = 2$ となるのは〈白,白〉と取り出す場合なので,その場合の数は $_3P_2 = 6$.したがって,$P(X = 2) = 1/5$.同様に,$X = 0$ となるのは〈黒,黒〉と取り出す場合なので,その場合の数は $_3P_2 = 6$ であり,$P(X = 0) = 1/5$.残りが $X = 1$ の場合であるから,$P(X = 1) = 3/5$ である.

$X = 1$ を事象列の和〈白,黒〉∪〈黒,白〉であると考えても,同じ結果を得る.

離散的確率変数であって,しかもとりうる値が無限個ある場合もほぼ同様に扱うことができる.$\{x_1, x_2, \cdots, x_k, \cdots\}$ をとりうる値の集合,$P(X = x_k) = p_k$, $0 \leq p_k \leq 1$ $(k = 1, 2, \cdots)$ としたとき,今度は無限級数の和 $p_1 + p_2 + \cdots + p_k + \cdots = 1$ が条件である.

▫ 例 6.6 Xのとりうる値の集合が $\{0, 1, 2, \cdots, k, \cdots\}$ であって,a を正の定数として $p_k = P(X = k) = a^k e^{-a}/k!$ であるとする.微分積分学によって $\sum_{k=0}^{\infty}(a^k/k!) = e^a$ であることが知られているので,$\sum_{k=0}^{\infty} p_k = 1$ がみたされる.これは無限個の値をとる離散的確率変数の確率分布の一種である(**ポアソン分布**とよばれる).

▫ 例 6.7 同じ状況(科学実験などの試行において)で何回か繰り返しデータを観測した場合,これを確率分布と同じように考えることができる.n 回の観測データ $x_1, \cdots, x_n$ があったとき,これらの値がそれぞれ $1/n$ の確率で発生すると考えるのである.表で書くと

X	x_1	x_2	$\cdots$	x_n
P	$1/n$	$1/n$	$\cdots$	$1/n$

となるが，確率の行（2行目）は明らかな記述であるから，1行目のみを書いてデータの分布と考えることができる．

また，同じように，「n 人の身長」，「n 人の試験の点数」なども，それぞれのデータ（数値）が $1/n$ の等しい確率で発生すると考えて分布表を考えることができる．

コラム　オマケをそろえるためには

オマケのついているジュースが販売された．オマケは全部で 10 種類あり，袋を開けてみないとどのオマケかはわからないものとする．このとき，全 10 種類そろえるためにはジュースを何本買えばよいだろうか．

この問題を次のように考えよう．オマケの種類に 1 から 10 までの番号をつけよう．n 本のジュースを買ったときに 1 から k までの k 種類のオマケがそろう確率を $P(n,k)$ と書くことにし，$P(n,10) > 0.5$ となる最初の n を求めてみよう．

$k=1$ のときには全部が 1 のオマケの場合だから，$P(n,1) = (0.1)^n$ であることはすぐにわかる．$k=2$ のときには $(0.2)^n$ でよいように思われるが，実はこれは全部が 1 の場合と全部が 2 の場合の確率 $2P(n,1)$ を含んでいるのでそれをひいて

$$P(n,2) = (0.2)^n - {}_2C_1 P(n,1) = (0.2)^n - 2(0.1)^n$$

である．同じように考えて，

$$P(n,3) = (0.3)^n - {}_3C_2 P(n,2) - {}_3C_1 P(n,1)$$
$$= (0.3)^n - 3(0.2)^n + 3(0.1)^n.$$

これを続けることにより，

$$P(n,10) = \sum_{j=0}^{9} (-1)^j {}_{10}C_j (1 - 0.1j)^n$$

であることがわかる．計算機を使ってこれを計算すれば，$n=27$ のときにはじめて $P(n,10)$ は 0.5 を超えることが確認できる．

第6章 章末問題 A

以下の確率変数 X の確率分布表を求めよ．

A-1. 正しいサイコロを2個振る．出た目の合計を X．

A-2. 正しいサイコロを2個振る．出た目の差の絶対値を X．

A-3. 白玉 s 個と黒玉 k 個が入った袋から玉を同時に2個取り出したとき，そのうちの白玉の個数を X（$s \geq 2, k \geq 1$ とする）．

A-4. 男8人，女7人の中から5人を選ぶとき，男の人数を X．

A-5. 正しいサイコロを2個用意し，一方には ①,②,②,③,③,④，もう一方には ①,③,④,⑤,⑥,⑧ と番号を振ることにする．この2個のサイコロを同時に振ったときの出た目の合計を X（このサイコロの組はシチャーマンのサイコロとよばれている）．

第6章 章末問題 B

B-1. 1枚の硬貨を何回も投げる．はじめて表が出るまでに投げる回数 X の確率分布の表を求めよ．

B-2. 甲, 乙 2人がジャンケンをして勝負がつくまでに要するジャンケンの回数 X の確率分布の表を求めよ．．

B-3. n か所のマス目 $a_1, \cdots, a_n$ があり，そのうちの1つにコマがおいてあるとする．$n \times n$ 正方行列 $B = (b_{ij})_{(i,j)}$ が

$$b_{1j} + b_{2j} + \cdots + b_{nj} = 1 \quad (j = 1, 2, \cdots, n)$$

をみたすとする．1秒ごとにコマを移動することにするが，a_j の場所にコマがあったとしたとき，1秒後に a_i にコマを移す確率を b_{ij} によって定めるとする．最初に a_k にコマが置いてあったとすると，p 秒後にコマの置いてある場所の分布は

$$B^p e_k$$

（ただし e_k は第 k 成分だけが1であるような単位列ベクトルとする）で与えられることを示せ．このようなモデルを**定常マルコフ連鎖**という．

B-4. 時計の文字盤を用意し，12の目盛りのところに短針を合わせるとする．今，サイコロを投げて，⚀,⚁ が出たら，短針を時計回りに 90° 回転し，⚂,⚃ が出たら反時計回りに 90° 回転するものとする．⚄,⚅ のときは動かさない．このとき，十分長い時間この試行を繰り返し行えば，各目盛り (3, 6, 9, 12) 上に短針がある確率はほぼ等確率（したがって 1/4 ずつ）になると考えられるか．

7　期待値・分散・標準偏差

離散的確率変数 X の確率分布が $P(X = x_k) = p_k$　$(k = 1, 2, \cdots, s)$ によって与えられているとき，

$$\sum_{k=1}^{s} x_k p_k$$

のことを X の**期待値**といい，$E(X)$ で表す（平均値ということもあるが，確率分布の場合は期待値のほうが普通に使われる）．

❐ **例 7.1**　サイコロを振って出た目の数だけ 100 円玉をもらえる催しがあったとする．仮にこのようなありがたい試行を何回でも行えるとしたら，十分大きな試行回数 n に対しどの目もほぼ n/6 回出ると思ってよいであろうから，もらった金額はほぼ $n(100 + 200 + \cdots + 600)/6 = 350n$（円）になる．これを 1 回あたりに割り振れば 350 円が 1 回あたりに期待される額（いいかえると平均の額）である．ところで 1 回ごとにもらえる金額（円）を確率変数とすれば，値の集合は $\{100, 200, 300, 400, 500, 600\}$ で，確率はいずれも 1/6 である．したがって上の定義による期待値は $100 \times (1/6) + 200 \times (1/6) + \cdots + 600 \times (1/6) = 350$ となって先ほど期待された額と一致する．これが期待値という言葉を使う理由である．

とりうる値が無限個ある離散的確率変数についても $\sum_{k=1}^{\infty} x_k p_k$ が期待値の定義であることに変わりはないが，この定義式は無限級数であり，収束条件を考える必要がある．期待値が収束せずに発散してしまう場合には期待値は求まらないとする．

❏ **例 7.2** 例 6.6 の確率変数 X（ポアソン分布）については，$x_k = k$, $p_k = a^k e^{-a}/k!$ ($k = 0, 1, 2, \cdots$，最初の番号が 0 だが本質は変わらない) なので，

$$E(X) = \sum_{k=0}^{\infty} k \frac{a^k e^{-a}}{k!}$$
$$= \sum_{k=1}^{\infty} \frac{a^k e^{-a}}{(k-1)!}$$
$$= ae^{-a} \sum_{k=0}^{\infty} \frac{a^k}{k!}$$
$$= a.$$

確率分布が $P(X = x_k) = p_k$ ($k = 1, 2, \cdots, s$) であるような確率変数 X に対し，その期待値を m とおいて

$$\sum_{k=1}^{s} (x_k - m)^2 p_k$$

を X の **分散** といい，$V(X)$ で表す．$V(X)$ は X の値のちらばり具合を示す量で，期待値の近くの値が確率の大部分を占めるような X では値が小さく，期待値から離れた値まで確率が広がっているような X では値が大きい．確率変数 X が唯一の値 a しかとらない場合には，期待値はもちろん a であり，分散は 0 である．

❏ **例 7.3** 例 6.1 の X（サイコロを 1 回振ったときの目の分布）については，$m = E(X) = 3.5$ であるので，

$$V(X)$$
$$= (1 - 3.5)^2 \times \left(\frac{1}{6}\right) + (2 - 3.5)^2 \times \left(\frac{1}{6}\right) + \cdots + (6 - 3.5)^2 \times \left(\frac{1}{6}\right)$$
$$= \frac{35}{12} \sim 2.92.$$

❏ 例 7.4 とあるサイコロの確率分布が次の表のようになるとき,期待値と分散はそれぞれ

$$E(X) = 3.5,$$
$$V(X) = (1-3.5)^2 \times \frac{1}{12} + \cdots + (3-3.5)^2 \times \frac{1}{4}$$
$$+ (4-3.5)^2 \times \frac{1}{4} + \cdots + (6-3.5)^2 \times \frac{1}{12}$$
$$= \frac{23}{12} \sim 1.92$$

となる.例 7.3 と例 7.4 とでは,確率変数のとる値も,分布の平均も同じであるが,例 7.3 のほうが,平均近くの値をとる確率が高い.このような分布のほうが分散は小さくなる.

X の値	1	2	3	4	5	6
確率	1/12	1/6	1/4	1/4	1/6	1/12

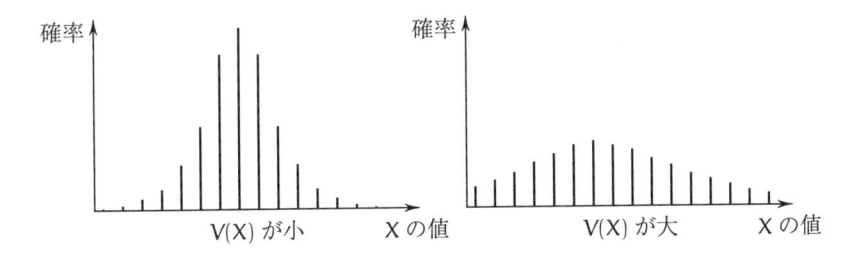

定理 7.1

$$V(X) = \sum_{k=1}^{s} x_k^2 p_k - \left(\sum_{k=1}^{s} x_k p_k \right)^2$$
$$= \sum_{k=1}^{s} x_k^2 p_k - \{E(X)\}^2.$$

(この式をさらに $V(X) = E(X^2) - \{E(X)\}^2$ と書く.8 章参照.)

証明　$m = E(X) = \sum_{k=1}^{s} x_k p_k$ とおく.

$$V(X) = \sum_{k=1}^{s} (x_k - m)^2 p_k$$

$$= \sum_{k=1}^{s} x_k^2 p_k - 2m \sum_{k=1}^{s} x_k p_k + m^2 \sum_{k=1}^{s} p_k$$

$$= \sum_{k=1}^{s} x_k^2 p_k - 2m^2 + m^2$$

$$= \sum_{k=1}^{s} x_k^2 p_k - m^2. \qquad \square$$

❏ **例 7.5**　例 7.4 の分散をこの公式によって計算してみると

$V(X)$
$= 1^2 \times \left(\dfrac{1}{12}\right) + 2^2 \times \left(\dfrac{1}{6}\right) + 3^2 \times \left(\dfrac{1}{4}\right) + 4^2 \times \left(\dfrac{1}{4}\right) + 5^2 \times \left(\dfrac{1}{6}\right)$
$\quad + 6^2 \times \left(\dfrac{1}{12}\right) - (3.5)^2$
$= 170/12 - (3.5)^2 = \dfrac{23}{12} \sim 1.92.$

分散の平方根を**標準偏差**といい，$\sigma(X)$ で表す．すなわち，

$$\sigma(X) = \sqrt{V(X)} = \sqrt{\sum_{k=1}^{s} (x_k - m)^2 p_k} = \sqrt{E(X^2) - \{E(X)\}^2}.$$

例題 7.1
（1）例 6.5 前半の確率分布の $E(X)$, $V(X)$, $\sigma(X)$ を求めよ.
（2）例題 6.1 の $E(X)$, $V(X)$, $\sigma(X)$ を求めよ.

解答
（1）　$E(X) = 1 \times \dfrac{1}{2} + 2 \times \dfrac{1}{4} = 1,$

$\quad V(X) = (0-1)^2 \times \dfrac{1}{4} + (1-1)^2 \times \dfrac{1}{2} + (2-1)^2 \times \dfrac{1}{4} = 0.5,$

$\quad \sigma(X) \sim 0.71.$

7章　期待値・分散・標準偏差　　53

Xの値	0	1	2
確率	1/4	1/2	1/4

（2）　　$E(X) = 1 \times \dfrac{3}{5} + 2 \times \dfrac{1}{5} = 1,$

$V(X) = (0-1)^2 \times \dfrac{1}{5} + (1-1)^2 \times \dfrac{3}{5} + (2-1)^2 \times \dfrac{1}{5} = 0.4,$

$\sigma(X) \sim 0.63.$

Xの値	0	1	2
確率	1/5	3/5	1/5

Xが離散的でとりうる値が無限個の場合も無限級数になるだけで，ほとんど同様である．すなわち，

$$V(X) = \sum_{k=1}^{\infty} (x_k - m)^2 p_k, \qquad \sigma(X) = \sqrt{V(X)}$$

（ただし $m = E(X)$）．そして，定理 7.1 も同様に成り立つ．

❏ **例 7.6**　観測データ X の数値の列 $x_1, \cdots, x_n$ に対しても，期待値，分散，標準偏差を定義することができる．それぞれのデータが確率 $1/n$ で発生すると考えるのである．したがって，

$E(X) = \dfrac{x_1 + \cdots + x_n}{n},$

$V(X) = \dfrac{(x_1 - m)^2 + \cdots + (x_n - m)^2}{n} = \dfrac{x_1^2 + \cdots + x_n^2}{n} - (E(X))^2,$

$\sigma(X) = \sqrt{V(X)}$

と求めることができる（式中，$m = E(X)$ である）．これらをデータ列の期待値，分散，標準偏差とよぶこともある．

期待値を中心としたある幅の中に確率変数の値が入る確率は，確率分布がわかっていれば具体的に求められるが，確率分布が与えられていなくても，期待値と分散がわかれば，おおざっぱに見積ることができる．

> **定理 7.2**（チェビシェフの不等式） 確率変数 X の期待値を m, 標準偏差を σ ($\neq 0$) とすれば, 任意の正の定数 λ に対し
> $$P(|X - m| \geq \lambda\sigma) \leq \frac{1}{\lambda^2}$$
> が成り立つ[1].

証明 番号 k が $|x_k - m| \geq \lambda\sigma$ をみたすものであるとき, 仮に「k: はみだし番号」と書くことにすると,

$$\sum_{k:\text{はみだし番号}} p_k = P(|X - m| \geq \lambda\sigma)$$

である. ゆえに

$$\sigma^2 = \sum_{k=1}^{s}(x_k - m)^2 p_k$$
$$\geq \sum_{k:\text{はみだし番号}}(x_k - m)^2 p_k \quad (各項は負でないから)$$
$$\geq \lambda^2\sigma^2 \sum_{k:\text{はみだし番号}} p_k \quad ((x_k - m)^2 \geq (\lambda\sigma)^2 より)$$
$$= \lambda^2\sigma^2 P(|X - m| \geq \lambda\sigma),$$

よって, $P(|X - m| \geq \lambda\sigma) \leq 1/\lambda^2$. □

注意 7.1 この式は確率分布によらないという特長があるが, 評価式としては粗い. なお, この式は離散的確率変数だけでなく, 連続的確率変数についても成り立つことが知られている.

□ 例 7.7 100 点満点で 1 点きざみのある模擬試験を高校 3 年の生徒が受けることを試行, 得点を確率変数の値と考えることにする. なんらかの理由で期待値が 44.2 点, 標準偏差が 12.5 点であることがわかったとすれば, チェビシェフの不等式から, $m - 2\sigma$ と $m + 2\sigma$ の間すなわち 19.2 点と 69.2 点の間（整数だから 20 点と 69 点の間）に入る学生の数は全体数の 3/4 以上, $m - 3\sigma$ と $m + 3\sigma$ の間すなわち 6.7 点と 81.7 点（7 点と 81 点）の間に入る学生の数は全体数の 8/9 以上である.

---
[1] $\lambda \leq 1$ のときは, 間違いではないが役に立たない式となる.

第7章　章末問題 A

A-1. 6章の問題 A-1 の E(X), V(X) を求めよ.

A-2. 6章の問題 A-2 の E(X), V(X) を求めよ.

A-3. 6章の問題 A-3 の E(X), V(X) を求めよ.

A-4. 確率変数 X が V(X) = 0 となるのはどのような場合か.

A-5. 以下のデータ列について, E(X), V(X) を求めよ.

X	1.2	1.5	1.6	1.0	0.8	1.3	1.2	1.4	1.2

A-6. 期待値が 6.3, 分散が 4 の確率分布で変数 X が区間 (0.3, 12.3) に属する確率は 8/9 以上であることを示せ.

A-7. 確率変数 X の期待値が 25, 標準偏差が 7 であるとき,

(1) $P(11 < X < 39)$ はいくら以上か.

(2) $P(4 < X < 46)$ はいくら以上か.

第7章　章末問題 B

B-1. 1回の試みで成功する確率が p ($0 < p < 1$) である試行を繰り返したとき, はじめて成功するまでに要した試行の回数を X とする. $q = 1 - p$ とする. このとき
$$P(X = k) = q^{k-1} p \quad (k = 1, 2, \cdots)$$
となることを示し, E(X) を求めよ（このとき X は**幾何分布**をするという）. また, 分散 V(X) も求めよ.

B-2. 例 6.6 のポアソン分布の V(X) を求めよ.

> **コラム　期待値 ∞ ?**
>
> 　小遣いをあげようという父親に向かって，息子は賭けを持ち出した．
> 　「おとうさん，硬貨を投げて賭けをしましょう．最初の掛け金は100円です．僕がコインを投げておとうさんが当てたら，それで終わりです．もしはずしたら，100円僕にくれて賭けを続行します．ただし，掛け金を倍にするのです．2回目の掛け金は200円です．そこでおとうさんが当てればやはりそこで終わり．もしはずしたら200円くれて，賭けは続行です．同じように続く限り掛け金を倍にしていくのです．どうですか？」
> 　父親はこの賭けを了解した．最初から半分は自分が勝つ可能性があるのだし，いつまでも負け続けるわけはないと考えたからだ．
> 　「それではおとうさん，この賭けの期待値を求めてみましょう．1回目に僕が勝つ確率は1/2で，期待値は50円．2回目に僕が勝つ確率は1/4で期待値は50円，同じように考えると，3回目，4回目とどれも僕の得られる金額の期待値は50円です．賭けは永遠に続く可能性がありますから，僕はいくらでも小遣いをもらえることになります．」
> 　父親は息子にいくらの小遣いをあげればよいのだろうか？　息子の言いなりになるしかないのだろうか？
>
> 　　　　　　（「数は魔術師」ジョージ ガモフ，マーヴィン スターン著を参考にした）

8 確率変数の演算

　確率変数の値は試行によって定まるものであるが，この意味を詳しくいえば次のようになる．1章で述べたように，ある試行の結果として起こる事象はある標本空間 U の部分集合と対応している．確率変数とは，U の各元に1つの実数を対応させる関数（写像ともいう）のことと考えるのである[1]．U を明示したいときは，U 上で定義された確率変数ともいう．以下，簡単のため，U が有限集合の場合を考える．

❒ **例 8.1**　サイコロを振るという試行に対し，例 1.2 では

$$U = \{\boxdot, \boxdot, \boxdot, \boxdot, \boxdot, \boxdot\}$$

という標本空間を考えた．例 5.1 の X（サイコロ1個を振ったときの目の分布）は $X(\boxdot) = 1, X(\boxdot) = 2, \cdots, X(\boxdot) = 6$ と定められた関数に他ならない．これとは別に，たとえば，奇数の目に対し -1，偶数の目に対し 0 を対応させる関数 Y を考えれば，やはり Y は集合 U 上で定義された確率変数である．いうまでもなく，$Y(\boxdot) = -1$，$Y(\boxdot) = 0$，$Y(\boxdot) = -1$，$Y(\boxdot) = 0$，$Y(\boxdot) = -1$，$Y(\boxdot) = 0$．

---

1) 各元に1つの実数でなく，2つ以上の実数の組（ベクトル）を対応させることもある．

確率変数を定数倍したもの，あるいは確率変数に定数を加えたものを考えることが多い．さらに，2つの確率変数を加えたものあるいは掛けたものなどもよく現われる．これらはみな，やはり確率変数になる．

> **定義 8.1** X と Y は同じ標本空間 $U = \{a_1, a_2, \cdots, a_n\}$ 上で定義された確率変数とする．X や Y の a_i における値をそれぞれ $X(a_i)$, $Y(a_i)$ で表す．このとき
> (1) $Z(a_i) = cX(a_i) + k$　　($i = 1, 2, \cdots, n$，ただし c, k は定数)
> によって定まる確率変数 Z のことを $cX + k$ と書く[2]．
> (2) $Z(a_i) = X(a_i) + Y(a_i)$　　($i = 1, 2, \cdots, n$)
> によって定まる確率変数 Z のことを $X + Y$ と書く．
> (3) $Z(a_i) = X(a_i)Y(a_i)$　　($i = 1, 2, \cdots, n$)
> によって定まる確率変数 Z のことを XY と書く．

❏ **例 8.2** 前例の X（サイコロの目）を用いて例 6.1 の確率変数（サイコロの目に応じて 100 円玉をくれるという賞金）は $100X$ と表される．また，例 8.1 における X と Y の和 $X + Y$ を Z とおくと，

$$Z(\boxdot) = 0, \ Z(\boxdot) = 2, \ Z(\boxdot) = 2, \ Z(\boxdot) = 4, \ Z(\boxdot) = 4, \ Z(\boxdot) = 6$$

である．事象「$Z = 0$」は $\{\boxdot\}$ と，「$Z = 2$」は $\{\boxdot, \boxdot\}$ と，「$Z = 4$」は $\{\boxdot, \boxdot\}$ と，「$Z = 6$」は $\{\boxdot\}$ とそれぞれ事象として同等である．各目とも等しい確率 $1/6$ で出るものとすれば，

$$P(Z = 0) = \frac{1}{6}, \ P(Z = 2) = \frac{1}{3}, \ P(Z = 4) = \frac{1}{3}, \ P(Z = 6) = \frac{1}{6}$$

という Z の確率分布が得られる．

次の表にみるように，X と $aX + b$ の確率分布は変数値の間隔や位置に違いがあるだけで，様子はほとんど同じである．しかし，$X + Y$ や XY の確率分布は複雑になる．

---

[2] $c = 0$ のとき $cX + k$ は定数になるが，定数も確率変数の一種であると考える．このときはとりうる値がただ 1 つ，その確率は 1 である．なお，定数 k に対しては $E(k) = k$, $V(k) = 0$ である．

X の値	x_1	x_2	$\cdots$	x_s
確率	p_1	p_2	$\cdots$	p_s

(8.1a)

$aX+b$ の値	ax_1+b	ax_2+b	$\cdots$	ax_s+b
確率	p_1	p_2	$\cdots$	p_s

(8.1b)

演算と期待値の関係を調べるために，次の定理に注意する．

定理 8.1 離散的確率変数 X が標本空間 $U = \{a_1, a_2, \cdots, a_n\}$ 上で定義されているならば，
$$E(X) = \sum_{i=1}^{n} X(a_i) P(\{a_i\})$$
が成り立つ．

証明 X のとりうる値を $\{x_1, x_2, \cdots, x_s\}$ とする．事象「$X = x_k$」が U の部分集合 $A_k = \{a_{k1}, a_{k2}, \cdots, a_{kr}\}$ に対応しているとする．すなわち，$X(a_{k1}) = X(a_{k2}) = \cdots = X(a_{kr}) = x_k$ で，他に X の値を x_k にする a_i はないとする．このとき，

$$\begin{aligned} p_k &= P(X = x_k) = P(A_k) \\ &= P(\{a_{k1}\}) + P(\{a_{k2}\}) + \cdots + P(\{a_{kr}\}) \end{aligned}$$

であるから，

$$\begin{aligned} x_k p_k &= x_k P(\{a_{k1}\}) + x_k P(\{a_{k2}\}) + \cdots + x_k P(\{a_{kr}\}) \\ &= X(a_{k1}) P(\{a_{k1}\}) + X(a_{k2}) P(\{a_{k2}\}) + \cdots + X(a_{kr}) P(\{a_{kr}\}). \end{aligned}$$

ここで $\sum_{k=1}^{s} x_k p_k$ を考えれば，U のどの元 a_i も，ただ一度だけ $X(a_i) P(\{a_i\})$ の形で現われるので，

$$E(X) = \sum_{k=1}^{s} x_k p_k = \sum_{i=1}^{n} X(a_i) P(\{a_i\}).$$

が成り立つ． □

注意 8.1 X のとりうる値の集合が無限集合 $\{x_1, x_2, \cdots\}$ のときは，確率分布に対する条件と無限級数の理論が必要であるが，証明の大筋は変わらない．

注意 8.2 定理 7.1 は

$$V(X) = E(X^2) - \{E(X)\}^2 \tag{8.2}$$

と書くことができる．これは $\sum_{k=1}^{s} x_k^2 p_k = E(X^2)$ が成り立つからであるが，このことは以下の実例を参照すれば容易に理解できるであろう．いま X のとりうる値が $x_1 = -4$, $x_2 = -3$, $x_3 = 1$, $x_4 = 2$, $x_5 = 3$，それぞれの確率が p_1, p_2, p_3, p_4, p_5 とすれば，X^2 のとりうる値は $\{1, 4, 9, 16\}$ であって，分布は次のようになる．

X	-4	-3	1	2	3
P	p_1	p_2	p_3	p_4	p_5

X^2	1	4	9	16
P	p_3	p_4	$p_2 + p_5$	p_1

$$\begin{aligned} E(X^2) &= 1 \cdot p_3 + 4 \cdot p_4 + 9 \cdot (p_2 + p_5) + 16 \cdot p_1 \\ &= (-4)^2 \cdot p_1 + (-3)^2 \cdot p_2 + 1^2 \cdot p_3 + 2^2 \cdot p_4 + 3^2 \cdot p_5 \\ &= \sum_{k=1}^{5} x_k^2 p_k. \end{aligned}$$

定理 8.2 a, b を定数として，
(1) $E(aX + b) = aE(X) + b$
(2) $E(X + Y) = E(X) + E(Y)$
(3) $V(aX + b) = a^2 V(X)$.

証明

(1) X の確率分布を (8.1a) の上の表のようだとすれば，$aX + b$ の確率分布は (8.1b) の下の表のようになるので

$$\begin{aligned} E(aX + b) &= \sum_{k=1}^{s} (ax_k + b) p_k \\ &= a \sum_{k=1}^{s} x_k p_k + b \sum_{k=1}^{s} p_k \\ &= aE(X) + b. \end{aligned}$$

(2) X も Y も $U = \{a_1, a_2, \cdots, a_n\}$ 上で定義された確率変数とする．$Z = X + Y$ とおけば，定理 8.1 より

$$E(Z) = \sum_{i=1}^{n} Z(a_i) P(\{a_i\})$$

$$= \sum_{i=1}^{n} \{X(a_i) + Y(a_i)\} P(\{a_i\})$$

$$= \sum_{i=1}^{n} X(a_i) P(\{a_i\}) + \sum_{i=1}^{n} Y(a_i) P(\{a_i\})$$

$$= E(X) + E(Y).$$

(3) $E(X) = m$ とおくと，(1) より $E(aX + b) = am + b$ だから，分散の定義より

$$V(aX + b) = \sum_{k=1}^{s} (ax_k + b - am - b)^2 p_k$$

$$= a^2 \sum_{k=1}^{s} (x_k - m)^2 p_k$$

$$= a^2 V(X).$$

をえる. □

X, Y が同じ標本空間 U 上で定義された確率変数であって，X がどの値をとるかが Y の確率に影響を与えないとき，確率変数 X と Y は**独立**であるという．いいかえれば，

$$\text{X と Y が独立} \iff \begin{array}{l} \text{X と Y がとりうる任意の値 } x_k, y_l \text{ に対し} \\ P(X = x_k \text{ かつ } Y = y_l) = P(X = x_k) P(Y = y_l). \end{array}$$

定理 8.3 X と Y が独立ならば，

$$E(XY) = E(X)E(Y).$$

証明 X と Y がともに $U = \{a_1, a_2, \cdots, a_n\}$ 上で定義されていて，それぞれの確率分布が

X の値	x_1	x_2	$\cdots$	x_s
確率	p_1	p_2	$\cdots$	p_s

Y の値	y_1	y_2	$\cdots$	y_t
確率	q_1	q_2	$\cdots$	q_t

であったとする．U の部分集合 A_{kl} を

$$A_{kl} = \{a_i \in U \mid X(a_i) = x_k \text{ かつ } Y(a_i) = y_l\}$$

と定めると，独立性から

$$\begin{aligned} P(A_{kl}) &= P(X = x_k \text{ かつ } Y = y_l) \\ &= P(X = x_k)P(Y = y_l) \\ &= p_k q_l. \end{aligned}$$

さらに，$a_i \in A_{kl}$ であるような a_i についての $P(\{a_i\})$ の和は加法定理より $P(A_{kl})$ $(= p_k q_l)$ に等しいから，定理 8.1 の X のところに XY を代入すると，XY の a_i における値が $X(a_i)Y(a_i)$ であることから

$$\begin{aligned} E(XY) &= \sum_{i=1}^{n} X(a_i)Y(a_i)P(\{a_i\}) \\ &= \sum_{a_i \in A_{11}} X(a_i)Y(a_i)P(\{a_i\}) + \sum_{a_i \in A_{12}} X(a_i)Y(a_i)P(\{a_i\}) \\ &\quad + \cdots + \sum_{a_i \in A_{st}} X(a_i)Y(a_i)P(\{a_i\}) \\ &= x_1 y_1 \sum_{a_i \in A_{11}} P(\{a_i\}) + x_1 y_2 \sum_{a_i \in A_{12}} P(\{a_i\}) \\ &\quad + \cdots + x_s y_t \sum_{a_i \in A_{st}} P(\{a_i\}) \\ &= x_1 y_1 p_1 q_1 + x_1 y_2 p_1 q_2 + \cdots + x_1 y_t p_1 q_t \\ &\quad + x_2 y_1 p_2 q_1 + \cdots + x_s y_t p_s q_t \\ &= (x_1 p_1 + x_2 p_2 + \cdots + x_s p_s)(y_1 q_1 + y_2 q_2 + \cdots + y_t q_t) \\ &= E(X)E(Y) \end{aligned}$$

をえる． □

定理 8.4 同じ集合上で定義された確率変数 X と Y に対し

$$V(X+Y) = V(X) + V(Y) + 2\{E(XY) - E(X)E(Y)\}$$

が成り立つ．特に X と Y が独立のときは

$$V(X + Y) = V(X) + V(Y)$$

が成り立つ．

証明　式 (8.2) を $X+Y$ に適用すれば

$$\begin{aligned}
V(X+Y) &= E((X+Y)^2) - \{E(X+Y)\}^2 \\
&= E(X^2 + 2XY + Y^2) - \{E(X) + E(Y)\}^2 \\
&= E(X^2) - \{E(X)\}^2 + E(Y^2) - \{E(Y)\}^2 \\
&\quad + 2\{E(XY) - E(X)E(Y)\} \\
&= V(X) + V(Y) + 2\{E(XY) - E(X)E(Y)\}.
\end{aligned}$$

後半は定理 8.3 より明らか．　□

第 8 章　章末問題 A

A-1.　5 回の実験により，2 つの実験値 X, Y について対のようなデータを得た．

X	1.2	1.3	1.1	1.4	1.0
Y	0.5	0.6	0.7	0.4	0.5

このとき，$E(X)$, $E(Y)$, $E(XY)$, $E(X^2)$, $E(Y^2)$ を求めよ．

A-2.　袋の中に $(s+k)$ 個の玉が入っており，そのうちの s 個には 0, 他の k 個には 1 という数字が書いてある．この袋の中から 1 個の玉を取り出し，次にこれを戻さずにもう 1 個の玉を取り出すとき，最初の玉の数字を X，2 番目の玉の数字を Y とする．
 (1)　$E(X)$, $V(X)$, $E(Y)$, $V(Y)$ を求めよ．
 (2)　$E(XY)$ を求めよ．
 (3)　X と Y は独立であるか．

A-3.　確率変数 X の期待値が -3, 分散が 9 のとき次を求めよ．
 (1)　$2X-3$ の期待値，分散，標準偏差．
 (2)　$-5X+4$ の期待値，分散，標準偏差．
 (3)　$3X^2$ の期待値．

第 8 章 章末問題 B

B-1. n 個のサイコロを同時に投げるとき, 出る目の和を X として, その期待値と分散を求めよ.

B-2. 確率変数 X について
$$E((X-a)^2) = V(X) + (E(X) - a)^2$$
が成り立つことを示せ. また, これから $E((X-a)^2)$ が最小になるのは $a = E(X)$ のときで, その最小値は $V(X)$ であることを示せ.

B-3. 確率変数 X, Y に対して, 次を示せ.
（1） 常に $X \leq Y$ が成り立つならば, $E(X) \leq E(Y)$.
（2） $|E(X)| \leq E(|X|)$.

9 相関係数・回帰直線

同じ根元事象についての2つの確率変数 X, Y について,

$$E(XY) - E(X)E(Y)$$

のことを $\sigma(X, Y)$ と書いて,X, Y の**共分散**とよぶ.

共分散 $\sigma(X, Y)$ について,次の定理が成り立つ.

定理 9.1

$$E(XY) - E(X)E(Y) = \sum_{i=1}^{n} P(\{a_i\})(X(a_i) - E(X))(Y(a_i) - E(Y))$$
$$= E((X - E(X))(Y - E(Y))).$$

証明 式変形をしていくと,

$$\begin{aligned}
&E((X - E(X))(Y - E(Y))) \\
&= E(XY) - E(XE(Y)) - E(E(X)Y) + E(E(X)E(Y)) \\
&= E(XY) - E(X)E(Y) - E(X)E(Y) + E(X)E(Y) \\
&= E(XY) - E(X)E(Y).
\end{aligned}$$

となる. □

確率変数 X, Y の相関係数 $r(X, Y)$ を

$$r(X, Y) = \frac{\sigma(X, Y)}{\sigma(X)\sigma(Y)} = \frac{E(XY) - E(X)E(Y)}{\sigma(X)\sigma(Y)}$$

により定義する.

> **定理 9.2**
> $$-1 \leq r(X, Y) \leq 1.$$

証明

$$X_i = \frac{X(a_i) - E(X)}{\sigma(X)}, \quad Y_i = \frac{Y(a_i) - E(Y)}{\sigma(Y)}$$

とおくと,

$$r(X, Y) = \sum_{i=1}^{n} \frac{(X(a_i) - E(X))(Y(a_i) - E(Y))P(a_i)}{\sigma(X)\sigma(Y)}$$
$$= \sum_{i=1}^{n} P(\{a_i\}) X_i Y_i$$

である. 一方で,

$$\sum_{i=1}^{n} P(\{a_i\}) X_i^2 = \sum_{i=1}^{n} P(\{a_i\}) \frac{(X(a_i) - E(X))^2}{V(X)} = 1$$

である. この計算と同様の計算により, $\sum_{i=1}^{n} P(\{a_i\}) Y_i^2 = 1$ である. そこで, $\sum_{i=1}^{n} P(\{a_i\})(X_i \pm Y_i)^2 \geq 0$ の左辺を計算する.

$$\sum_{i=1}^{n} P(\{a_i\})(X_i \pm Y_i)^2 = \sum_{i=1}^{n} P(\{a_i\}) X_i^2 + \sum_{i=1}^{n} P(\{a_i\}) Y_i^2 \pm \sum_{i=1}^{n} P(\{a_i\}) X_i Y_i$$
$$= 2 \pm 2r(X, Y) \geq 0.$$

ゆえに

$$-1 \leq r(X, Y) \leq 1$$

が示された. □

X, Y が独立な確率変数の場合には, 共分散 $\sigma(X, Y)$, 相関係数 $r(X, Y)$ は 0 になる. 逆に, 相関係数が 0 のときに X, Y は独立とは限らない. X, Y の

9章　相関係数・回帰直線

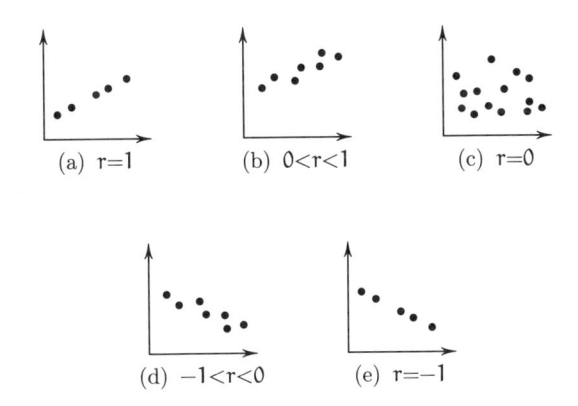

(a) r=1　　(b) 0<r<1　　(c) r=0

(d) −1<r<0　　(e) r=−1

分布が一様に広がっている場合がこれに当たり (図(c))，これを**無相関**であるという．

定理9.2の証明中に出てくる不等号の等号条件を調べてみよう．$r(X,Y) = 1$ を仮定する．このとき，$\sum_{i=1}^{n} P(\{a_i\})(X_i - Y_i)^2 = 0$ である．総和の各項は非負 (0以上) なので，任意の i に対して $X_i = Y_i$ であることがわかる．したがって，

$$\frac{X(a_i) - E(X)}{\sigma(X)} = \frac{Y(a_i) - E(Y)}{\sigma(Y)}$$

$$\therefore\ Y(a_i) = \frac{\sigma(Y)}{\sigma(X)}(X(a_i) - E(X)) + E(Y).$$

今，標準偏差 $\sigma(Y), \sigma(X)$ が0でないと仮定すると，$(X(a_i), Y(a_i))$ は正の傾きを持つようなある特定の直線上にあることがわかる．この場合を**正の完全相関**であるという (図(a))．$0 < r(X,Y) \leq 1$ の場合には，$(X(a_i), Y(a_i))$ は正の傾きを持つ直線に近いところに分布するものと考えられる．この場合を**正の相関**であるという (図(b))．

同様に考えて，$r(X,Y) = -1$ の場合には $(X(a_i), Y(a_i))$ は負の傾きを持つようなある特定の直線上にあることがわかる．この場合を**負の完全相関**であるという (図(e))．$-1 \leq r(X,Y) < 0$ の場合には，$(X(a_i), Y(a_i))$ は負の傾きを持つ直線に近いところに分布するものと考えられる．この場合を**負の相関**であるという (図(d))．確率変数 X, Y が正の相関 (または負

の相関）であるとき，X, Y の分布にもっとも近い直線を探すことを考えよう．この直線のことを**回帰直線**という．回帰直線は次のようにして求めることができる．

> **定理 9.3** $D(a, b) = \sum_{i=1}^{n} P(\{a_i\})\{Y(a_i) - aX(a_i) - b\}^2$ とする．$D(a, b)$ を最小にするような a, b は
> $$a = \frac{\sigma(X, Y)}{V(X)},$$
> $$b = \frac{E(X^2)E(Y) - E(XY)E(X)}{V(X)}$$
> で与えられる．この a, b に対して直線 $Y = aX + b$ を**回帰直線**という．

証明

$$D(a, b) = E((Y - aX - b)^2)$$
$$= a^2 E(X^2) + 2ab E(X) + b^2 - 2a E(XY) - 2b E(Y) + E(Y^2)$$
$$= E(X^2) \left\{ a + \frac{bE(X) - E(XY)}{E(X^2)} \right\}^2$$
$$+ \frac{V(X)}{E(X^2)} \left\{ b + \frac{-E(X^2)E(Y) + E(XY)E(X)}{V(X)} \right\}^2 + (\text{定数項}).$$

最後の式より，2 つの中カッコの中が 0 に等しいときに $D(a, b)$ が最小になることがわかる．したがって，
$$a = -\frac{bE(X) - E(XY)}{E(X^2)},$$
$$b = \frac{E(X^2)E(Y) - E(XY)E(X)}{V(X)}$$
であることがわかる．第 2 式を第 1 式に代入することにより，
$$a = \frac{\sigma(X, Y)}{V(X)}$$
が得られる． □

注意 9.1 2 つの確率変数 X, Y が直線上に分布する場合はこれでよいと考えられるが，X, Y が反比例関係にあったり，X^2 が Y と比例すると考えられることを確かめるにはどのようにすればよいだろうか．この場合には，新しい確率変数 X', Y' を
$$X' = \log(X),$$

と定義し，X', Y' に関する相関係数や回帰曲線を求めればよい．たとえば，$Y' = aX' + b$ という回帰曲線が求められたとすると，

$$Y' = aX' + b$$
$$\log(Y) = a\log(X) + b$$
$$\therefore \quad Y = e^b X^a$$

となり，Y と X^a の比例関係が示されたことになる．

コラム　相関係数と因果関係

相関係数はあくまで統計量であって，因果関係の証明にはならない（特に，無相関であっても無関係とは限らない）．しかし世の中には相関係数を示すことによって因果関係を主張している文章をよくみかけるので注意が必要だ．

もちろん，因果関係があるならば，そこに相関係数の特徴が表れることは明らかであるが，逆は真ならずである．相関係数が 1 に近かったとしても，たまたま母集団と取り方の偏りからそのようにみえているだけかもしれないし，別の要因によってたまたまそのようにみえているかもしれない．A ならば B である，という因果関係を証明する場合には，「A であるが，B でない」という例がいかに少ないかを主張することにあり，相関係数とは別の話となる．

世の中には統計量があふれかえっており，「大衆を一定の方向に誘導するためのあやしげな説明」もあると考えられる．くれぐれも注意が必要である．

第 9 章　章末問題 A

A-1. 以下の X, Y のデータについて，$\sigma(X, Y)$，$r(X, Y)$ を求めよ．

(1)

X	1	1	1	2	2	2	3	3	3
Y	1	2	3	1	2	3	1	2	3

(2)

X	1	1	2	2	2	3	3
Y	1	2	1	2	3	2	3

(3)

X	1	1	2	2	2	3	3
Y	2	3	1	2	3	1	2

A-2. 偏りのあるコイン（表の出る確率が 1/3）を 4 回投げて，表の出る回数を X，裏の出る回数を Y とする．このときの $E(X), E(Y), E(XY), \sigma(X,Y), r(X,Y)$ を求めよ．

A-3. 標準的なサイコロを 3 回投げて，⚀ の出る回数を X，⚁ または ⚂ の出る回数を Y とする．このときの $E(X), E(Y), \sigma(X,Y), r(X,Y)$ を求めよ．

A-4. 以下の表は被験者 10 人の身長と体重の値である．身長を X，体重を Y とする．$E(X), E(Y), \sigma(X,Y), r(X,Y)$ および回帰直線を求めよ．

番号	身長 (X)	体重 (Y)
1	160	65
2	153	50
3	171	65
4	183	85
5	168	60
6	167	70
7	159	55
8	173	75
9	178	84
10	168	68

第 9 章 章末問題 B

B-1. 偏りのあるコイン（表の出る確率が p）を n 回投げて，表の出る回数を X，裏の出る回数を Y とする．このときの $\sigma(X,Y), r(X,Y)$ を求めよ．

B-2. 標準的なサイコロを n 回投げて，「⚀ の出る回数」を X，「⚁ または ⚂ の出る回数」を Y とする．このときの $\sigma(X,Y), r(X,Y)$ を求めよ．

10 二項分布

確率変数 X のとりうる値が $\{0,1,2,\cdots,n\}$ であって，
$$P(X=r) = {}_nC_r p^r(1-p)^{n-r} \qquad (r=0,1,2,\cdots,n)$$
であるような確率分布を**二項分布**といい，記号 $B(n,p)$ で表す．n, p を二項分布のパラメータという．「X の確率分布が $B(n,p)$ である」というかわりに「X は $B(n,p)$ に従う」という．この言葉を用いると，定理 5.1 は「確率 p の n 回の重複試行において事象の起こる回数 X は $B(n,p)$ に従う」と表現される．

❏ **例 10.1** 例 6.5 前半の X は $B(2, 1/2)$ に従う．後半の X は $B(4, 1/3)$ に従う．

> **定理 10.1** 確率変数 X が $B(n,p)$ に従うとき
> $$E(X) = np, \qquad V(X) = np(1-p).$$

証明 $q = 1-p$ とおく．慣習に従い，X の一般の値を r と書く．
$$E(X) = \sum_{r=0}^{n} r \cdot {}_nC_r p^r q^{n-r} \qquad (r=0 \text{ の項は } 0)$$

$$= \sum_{r=1}^{n} \frac{n!}{(r-1)!(n-r)!} p^r q^{n-r}$$

$$= np \sum_{r=1}^{n} \frac{(n-1)!}{(r-1)!(n-1-(r-1))!} p^{r-1} q^{n-1-(r-1)}$$

$$= np \sum_{k=0}^{n-1} \frac{(n-1)!}{k!(n-1-k)!} p^k q^{n-1-k} \qquad (k = r-1 \text{ とおいた})$$

$$= np \sum_{k=0}^{n-1} {}_{n-1}C_k p^k q^{n-1-k}$$

$$= np(p+q)^{n-1} \qquad (\text{二項定理を用いた})$$

$$= np.$$

さらに,

$$E(X^2) = \sum_{r=0}^{n} r \cdot r \cdot {}_nC_r p^r q^{n-r}$$

を上と同様に変形して

$$E(X^2) = np \sum_{k=0}^{n-1} (k+1) {}_{n-1}C_k p^k q^{n-1-k}$$

$$= np \left\{ \sum_{k=0}^{n-1} k \cdot {}_{n-1}C_k p^k q^{n-1-k} + \sum_{k=0}^{n-1} {}_{n-1}C_k p^k q^{n-1-k} \right\}.$$

ここで, $\{\cdot\}$ の中の第 1 項は $B(n-1, p)$ に従う確率変数の期待値だから $(n-1)p$, 第 2 項は先と同様に 1. よって

$$E(X^2) = np\{(n-1)p + 1\}$$

$$= np(1-p) + (np)^2.$$

ゆえに式 (8.2) を使って

$$V(X) = E(X^2) - \{E(X)\}^2$$

$$= np(1-p).$$

をえる. □

7章に述べたように，チェビシェフの不等式は粗い評価式ではあるが，確率変数の値がある幅の中に入る確率の目安を与えてくれる．二項分布にこれを適用すると，次の定理が得られる．

定理 10.2（ベルヌーイの定理） $B(n,p)$ に従う確率変数 X について，次のことが成り立つ[1]．α を任意の正の実数として，
$$P\left(p - \alpha < \frac{X}{n} < p + \alpha\right) \geq 1 - \frac{p(1-p)}{n\alpha^2}.$$

証明 m を X の期待値，σ を X の標準偏差とすれば，定理 7.2 より，任意の正の数 λ に対し
$$P(|X - m| \geq \lambda\sigma) \leq \frac{1}{\lambda^2}$$
である．「$|X - m| \geq \lambda\sigma$」の余事象は「$|X - m| < \lambda\sigma$」であるが，これは「$|X/n - m/n| < \lambda\sigma/n$」と同等である．よって
$$P\left(\left|\frac{X}{n} - \frac{m}{n}\right| < \frac{\lambda\sigma}{n}\right) \geq 1 - \frac{1}{\lambda^2}.$$
ここで $\lambda = \alpha\sqrt{n/\{p(1-p)\}}$ とおき，$m = np$，$\sigma = \sqrt{np(1-p)}$ であることを使うと，
$$P\left(\left|\frac{X}{n} - p\right| < \alpha\right) \geq 1 - \frac{p(1-p)}{n\alpha^2}.$$
一方，$\left|\dfrac{X}{n} - p\right| < \alpha$ は $p - \alpha < \dfrac{X}{n} < p + \alpha$ と同等なので，定理が証明された． □

1章で確率の意味にふれたとき，確率 p で起こる事象 A の相対度数すなわち（A の起こる回数）÷（試行の回数）が，n を大きくしていくと p に近づくということを述べた．このことを**経験的大数の法則**という．経験的という形容詞が付くのは，経験上どうもそうらしいということからきている．理屈の上では p に近づかないことも絶対に不可能ではない．しかし，定理

---

[1] n も α もあまり小さいと，不等式の右辺が負になる．そうなっても別に間違いではないが，あたりまえすぎて役に立たない．$n\alpha^2$ が大きければそういう心配はない．

10.2 は，このようなことの可能性がきわめて小さいことを示している．より詳しくいうとこうである．いま，p を中心として任意に小さな幅の区間を考える．これを $p-\alpha$ と $p+\alpha$ の間の区間としよう．このとき「相対度数 X/n がこの区間に入る」という事象の確率は，1 と $1-p(1-p)/(n\alpha^2)$ の間であるから，n を大きくすると，この確率は 1 に近づく．すなわち，ベルヌーイの定理は大数の法則を数学的に表現したものと考えることができる．

第 10 章　章末問題 A

A-1.　X を二項分布 $B(n,p)$ に従う確率変数とする．
(1)　$\dfrac{P(X=r)}{P(X=r-1)}$ を求めよ．
(2)　$P(X=r)$ が最大になる r を求めよ．

A-2.　硬貨を投げて表が出れば右へ 1 歩，裏が出れば左へ 1 歩動くものとする（このような運動を乱歩または**酔歩**（random walk）という）．原点からはじめて硬貨を 10 回投げたとき，次の確率を求めよ．
(1)　原点に戻る確率．
(2)　原点より右に 2 歩の地点にいる確率．
(3)　原点より左に 4 歩の地点にいる確率．
(4)　原点より 2 歩以内の地点にいる確率．
(5)　原点より右の地点（原点を除く）にいる確率．

A-3.　硬貨を繰り返し投げるとする．
(1)　1,000 回投げて表の出る回数が 500 回より 40 回以内の偏りである確率をベルヌーイの定理を用いて評価せよ．
(2)　表の出る回数の割合が 0.5 より 5% 以内にある確率が 90% 以上であるようにするためには，少なくとも何回以上投げればよいか．ベルヌーイの定理を用いて評価式を求めよ．

A-4.　硬貨を 50,000 回投げるとき表の出る回数を X とする．このとき $R = \dfrac{X}{50000}$ を相対度数とする．R の確率分布において
$$P\left(\left|R-\frac{1}{2}\right|<\frac{1}{100}\right) \geq 0.95$$
であることをベルヌーイの定理を用いて示せ．

第10章　章末問題 B

B-1. ポアソン分布 $P(X=r) = e^{-a}\dfrac{a^r}{r!}$ $(r = 0, 1, 2, \cdots)$ において，$P(X=r)$ が最大になる r を求めよ．ここで a は正の定数である．

B-2. 確率変数の列 X_1, X_2, $\cdots$ は互いに独立で，$E(X_k) = m$, $V(X_k) = \sigma^2$ $(k = 1, 2, \cdots)$ とする．

（1） $\overline{X}_n = \dfrac{X_1 + X_2 + \cdots + X_n}{n}$ とするとき，任意の $\varepsilon > 0$ に対して
$$\lim_{n \to \infty} P(|\overline{X}_n - m| > \varepsilon) = 0$$
が成り立つことを示せ．

（2） 任意の $\varepsilon > 0$ と任意の $\alpha > 0$ に対して
$$\lim_{n \to \infty} P\left(\left|\frac{X_1 + X_2 + \cdots + X_n - nm}{n^{1/2+\alpha}}\right| > \varepsilon\right) = 0$$
が成り立つことを示せ．

11　連続的確率分布

　確率変数 X が，任意の実数を値としてとりうるとき，X を**連続的確率分布**という．このとき，a をとりうる値の 1 つとすれば，「X = a」はたしかに起こりうる事象であるが，その確率 P(X = a) は 0 である[1]．このような事象から確率が正である事象を普通の手続きで構成してゆくことはできないので，連続的確率変数の場合は「X の値がある範囲に入る」という事象を考察する．

　とりうる任意の 2 つの値 a, b に対して

$$P(a \leq X \leq b) = \int_a^b f(x)dx$$

となるような関数 f(x) を X の**確率密度関数**という．確率密度関数のグラフを用いると，確率 $P(a \leq X \leq b)$ は図のアミかけ部分の面積に等しい．ここで x を含む微小な幅 Δx の区間に X の値が入る確率はほぼ $f(x)\Delta x$ に等しい．すなわち，f(x) は単位幅あたりの確率という意味を持つので，（人口密度というときと同様に）確率密度とよばれるのである．

　さて，とりうる最小の値を x_0，最大の値を x_1 とすれば，$P(x_0 \leq X \leq x_1)$

---

[1]　空事象の確率は 0 であるが，連続的確率変数の場合は確率が 0 であるからといって空事象であるとは限らない．「X = a」のような 1 点の値をとる確率が 0 でないと，ほぼ同程度に起こりうる事象が無数にあるので，全事象の確率が有限でなくなる．したがって P(X = a) = 0 であるが，さりとて「X = a」はむろん空事象でない．

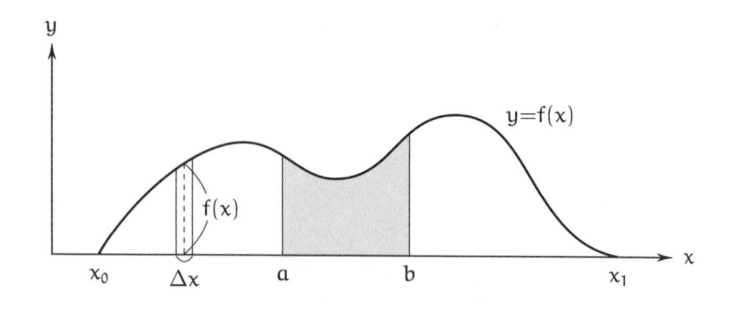

は全事象の確率であるから1に等しくなければならない．すなわち，
$$\int_{x_0}^{x_1} f(x)dx = 1.$$
以上をまとめると次のようになる．

（1） 連続的確率変数は「区間に含まれる確率」を取り扱う．

（2） $f(x) \geq 0$ かつ $\int_{x_0}^{x_1} f(x)dx = 1$ であるような関数 $f(x)$ は確率密度関数とよばれ，連続的確率変数に関する確率は確率密度関数の積分で表される．

連続的確率分布は確率密度関数を与えればきまることに注意しよう．

連続的確率分布において，変数のとりうる値の範囲が無限区間のこともありうる．たとえば，全区間 $-\infty < x < \infty$ の任意の値をとりうる確率変数 X に対しては

$$P(X \geq a) = \int_a^\infty f(x)dx$$
$$= \lim_{t \to \infty} \int_a^t f(x)dx,$$
$$P(X \leq a) = \int_\infty^a f(x)dx$$
$$= \lim_{s \to -\infty} \int_s^a f(x)dx$$

などとなる．

本来，離散的確率変数であっても，とりうる値が非常に多数であるときは，連続的確率変数として取り扱ったほうが理論的に簡単な場合がある．

これとは逆に，本来，連続的確率変数であるものを，四捨五入などの整理をすることによって，離散的確率変数のようにデータ処理をすることも多い．言葉上は離散的・連続的と区別しているが，確率論としてはそれほど区別して考えるわけではない．

確率密度関数 f(x) は積分さえできればよいので，連続関数である必要はない．階段関数のようにいくつかの場所で値が飛んでいるような関数も許される．X が $a \leq X \leq b$ という値のみをとるような確率変数であって，その密度関数が f(x) であるとき，f(x) を拡張して，

$$g(x) = \begin{cases} f(x) & (a \leq x \leq b) \\ 0 & (x < a \text{ または } b < x) \end{cases}$$

と定義すれば，$-\infty < x < \infty$ で定義される確率密度関数であり，確率分布としては X と等しいことがわかる．

連続的確率分布のうち，もっとも簡単かつ基本的なものは**一様分布**とよばれるものである．これは確率変数のとりうる値が定まった区間（たとえば，$a \leq x \leq b$）の中の任意の値であって，この区間のどの値の付近の出やすさも同じであるものをいう．正確には，確率密度関数 f(x) が一定値，すなわち

$$f(x) = \frac{1}{b-a} \qquad (a \leq x \leq b)$$

であるような確率分布のことをいう．

◻ **例 11.1** 統計的な調査で偏りを生じさせないため，あるいはゲームで乱雑な動きをつくり出したいときなどに，「乱数」を使うということをよく耳にする．乱数にもいろいろな種類があるが，もっとも普通に使われるのは一様乱数とよばれるものである．これはたとえば，「乱数表という表からサイコロなどを使ってある数字を選び出す」あるいはまた「コンピュータのプログラムで乱数を発生させる関数を用いる」という行為（＝試行）の結果得られる数字（＝確率変数の値）のことであり，乱数表やコンピュータ言語の用意した乱数関数はこの確率変数がほぼ一様分布をするようにつくられている．例 1.2 はパソコンで発生させた乱数を応用したものである．

❏ **例 11.2** 正確に 10 分間隔で運行されている電車があるとして，任意の時刻にホームに着いたときの待ち時間の分布 X を考えてみよう．ホームに着いたとたんに電車がくれば待ち時間は 0 分，ホームに着いたとたんに電車が出発してしまえば，待ち時間は 10 分である．そのほかの可能性も等しい確率で訪れるので，X の値の範囲は 0 から 10 であり，確率密度関数は $f(x) \equiv 0.1$ であることがわかる（$f(x) \equiv 1$ のような気がするが，0 から 10 まで積分をした値が 1 になるという条件があるため，0.1 になる）．

さらに応用上非常に重要な連続的分布に，**正規分布**（別名ガウス分布）とよばれるものがある．正規分布はとりうる値の範囲が $-\infty < x < \infty$ であって，確率密度関数が

$$f(x) = \frac{1}{\sqrt{2\pi}\sigma} e^{-\frac{(x-m)^2}{2\sigma^2}} \quad (-\infty < x < \infty)$$

で与えられる確率分布のことである．ただし m および $\sigma\ (>0)$ は定数，π は円周率，e は指数関数である．この式で定まる正規分布を $N(m, \sigma^2)$ で表す（この関数の積分が 1 になることは，重積分を習うと練習問題として出てくる．ここでは未来への宿題としておこう）．正規分布に従う確率変数は自然界にも応用の世界にも多い．正規分布については次の節で詳しく説明する．

ところで一般に，連続的確率変数 X のとりうる値の範囲が $x_0 < x < x_1$，確率密度関数が $f(x)$ のとき，

$$E(X) = \int_{x_0}^{x_1} x f(x) dx,$$
$$V(X) = \int_{x_0}^{x_1} (x-m)^2 f(x) dx \quad (\text{ただし } m = E(X))$$

のことをそれぞれ X の**期待値**および**分散**という．

❏ **例 11.3** 上の例 11.2 における期待値を求めてみよう．

$$E(X) = \int_0^{10} x \cdot 0.1 dx = [0.05 x^2]_0^{10} = 5.$$

この計算から「10 分間隔で運行されている電車に乗るには平均 5 分待てばよい」という経験と合致する結論が得られる．

連続的確率変数の場合にも $aX+b, X+Y, XY$ などの演算を定義できるが，その詳細を理解するには本格的な積分理論が必要であるのでここではふれないことにする．ただ，離散的確率変数の場合（定理 7.1，定理 8.2）と同じ公式は成り立つので，そのことを証明なしにまとめておこう[2]．

定理 11.1

（1）
$$E(aX+b) = \int_{-\infty}^{\infty} (ax+b)f(x)dx = aE(X) + b.$$
確率変数 X の確率密度関数が $f(x)$ のとき，$aX+b$ の確率密度関数は $\frac{1}{a}f((x-b)/a)$ である．

（2）$E(X+Y) = E(X) + E(Y)$．

（3）$V(aX+b) = a^2(V)$．

（4）X, Y の確率密度関数をそれぞれ $f(x), g(x)$ とする．X, Y が独立ならば，$X+Y$ の確率密度関数は
$$\int_{-\infty}^{\infty} f(x-t)g(t)dt$$
で与えられる．この関数を $f(x), g(x)$ のたたみ込みという．

（5）X, Y が独立のとき，
$$E(XY) = E(X)E(Y), \qquad V(X+Y) = V(X) + V(Y).$$

（6）$E(X^2) = \int_{-\infty}^{\infty} x^2 f(x)dx$ かつ $V(X) = E(X^2) - (E(X))^2$．

第 11 章 章末問題 A

A-1.（指数分布）
a を正の定数とする．$f(x) = ae^{-ax}$ $(x > 0)$ を確率密度関数とするような確率変数 X を**指数分布**という．工業製品の寿命，人間の記憶残存時間などはこの分布に従うといわれている．

（1）$f(x)$ が確率密度関数の条件をみたすことを示せ．

（2）$E(X) = 1/a, V(X) = 1/a^2$ を示せ．

---

[2] 定理 8.2 を証明するときには，根元事象にさかのぼって考察した．連続的確率変数のこれらの公式も，根元事象に相当する式を定義できれば，証明の道筋は似たものになる．

A-2. （1） 長さ1mの細い棒があり，その上にアリが1匹いたとする．アリは時刻0から一方向へ分速1m/sの速さで棒の上を歩くものとする．最初にアリがいる位置は任意とし，アリの歩く向きも任意とするとき，棒の上からアリがいなくなるのにかかる時間の期待値を求めよ．

（2） 同じ棒の上にアリが2匹いたとする．どちらのアリの歩く速さも同じであるとするが，歩きはじめてからアリとアリが出会った場合，その地点から2匹とも逆向きに歩きはじめるものとする．振り返る時間やアリの大きさは考慮しないものとする．棒の上からアリが一匹もいなくなるのにかかる時間の期待値を求めよ．

第11章　章末問題 B

B-1. （コーシー分布）
平面上の点 $(0,1)$ を通る任意の直線と x 軸の交わりを X としよう．ただし，直線の偏角 θ が一様に分布しているとする．
$(\arctan x)' = \dfrac{1}{x^2+1}$ を使って，確率密度関数が $f(x) = \dfrac{1}{\pi(x^2+1)}$ であることを示せ．

B-2. （ビュッホンの針）
平らな床を座標平面とみなし，間隔が1になるように平行線を引く．つまり，$\cdots, y=-2, y=-1, y=0, y=1, y=2, \cdots$ という直線群を考える．この床の上に長さ1の針を投げ落とす．針が平行線のどれかと交わる確率を求めたい．以下の問いに答えよ．

（1） 針の中心から平行線への最短距離を X とすると，$0 \leq X \leq 1/2$ であるが，ここで X は一様分布をするものと仮定する．また，針の偏角 Y は $0 \leq Y \leq \pi$ であるが，Y も一様分布であると仮定する．針が平行線と交わる条件は X, Y を使って，$X \leq (1/2)\sin Y$ であることを示せ．

（2） X の確率密度関数が $f(x) = 2$，Y の確率密度関数が $g(y) = 1/\pi$，X, Y が独立な確率変数であることに注意すれば，求める確率は，

$$\iint_D f(x)g(y)dxdy$$

である．ただしここで，D とは平面上の領域であって，$0 \leq x \leq (1/2)$, $0 \leq y \leq \pi$, $x \leq (1/2)\sin y$ をみたすところを指すものとする．この積分の値が

$$\frac{2}{\pi}$$

であることを示せ（重積分の知識が必要なようであるが，実際には通常の積分の問題に帰着できる）．

11章　連続的確率分布

---コラム　離散的と連続的をつなぐもの―――――――――――――

　離散的確率変数と連続的確率変数とは定義式の見た目は大きく異なるが，確率の公式としては似た性質を持つ．実際に，離散的確率変数にも確率密度関数を考えることができて，確率とはすべて確率密度関数から考えることができることがわかる．

　次のような関数 $\delta(x)$ を考える．

$$\delta(x) = \begin{cases} \infty & (x = 0) \\ 0 & (x \neq 0) \end{cases}.$$

$x = 0$ のところで無限大なので，通常の意味の関数ではなく，微分も積分もできないが，積分に関しては任意の $\varepsilon > 0$ に対して

$$\int_{-\varepsilon}^{\varepsilon} \delta(x) dx = 1$$

であると**約束**する（無茶な話だと思うかもしれないが，$x^2 + 1 = 0$ の解を得るために複素数を発明したことに比べれば，それほど無理な話ではない）．

　さて，離散的確率変数 X の分布表が

X	0	1
P	1/2	1/2

で与えられたとする．このとき，確率密度関数は $1/2\delta(x) + 1/2\delta(x-1)$ で与えられる．たとえば，$X = 0$ という確率を求めようとすると，小さな数 $\varepsilon > 0$ に対して $P(-\varepsilon < X < \varepsilon)$ を求めることになるが，計算してみると

$$\begin{aligned} P(-\varepsilon < X < \varepsilon) &= \int_{-\varepsilon}^{\varepsilon} \left(\frac{1}{2}\delta(x) + \frac{1}{2}\delta(x-1) \right) dx \\ &= \int_{-\varepsilon}^{\varepsilon} \frac{1}{2}\delta(x) dx + \int_{-\varepsilon}^{\varepsilon} \frac{1}{2}\delta(x-1) dx \\ &= \frac{1}{2} + 0 = \frac{1}{2} \end{aligned}$$

となり，正しく求まることがわかる．

12 正規分布

正規分布 $N(m, \sigma^2)$ について詳しくみてみよう．確率変数 X が $N(m, \sigma^2)$ に従うとき，

$$P(a \leq X \leq b) = \int_a^b \frac{1}{\sqrt{2\pi}\sigma} e^{-\frac{(x-m)^2}{2\sigma^2}} dx$$

である．正規分布の期待値や分散については次の定理が知られている．

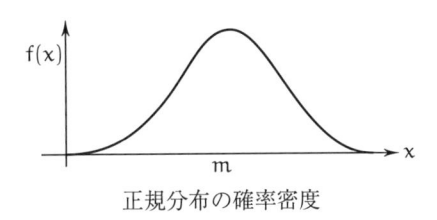

正規分布の確率密度

定理 12.1　確率変数 X が $N(m, \sigma^2)$ に従うとき

$$E(X) = m,$$
$$V(X) = \sigma^2$$

である．

証明は大学1年の学習内容を超えているので章末問題にまわす（12章の章末問題 B-4, B-5 をみよ）.

X のかわりにそれを変形した確率変数 $Z = (X - m)/\sigma$ を考える．ここで定理 11.1 (1) を適応してみよう．$a = 1/\sigma$, $b = -m/\sigma$, $f(x) = \frac{1}{\sqrt{2\pi}\sigma}e^{-\frac{(x-m)^2}{2\sigma^2}}$ を定理 11.1 (1) に当てはめてみると，Z の確率密度関数は，$\sigma f(\sigma x + m) = \frac{1}{\sqrt{2\pi}}e^{-\frac{x^2}{2}}$ であることがわかる．つまり，Z は正規分布 $N(0,1)$ に従う確率変数であることがわかる．この $N(0,1)$ のことを**標準正規分布**といい，この場合の 0 と u (> 0) の間の確率を $\phi(u)$ で表す．$\phi(u)$ の値を数表にしたものを標準正規分布の表という（付録表 A.1）．負の数 $-t$ に対し $\phi(-u) = -\phi(u)$ と定めれば，任意の数 α と β の間の確率は $\phi(\beta) - \phi(\alpha)$ で表される．

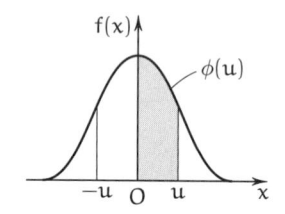

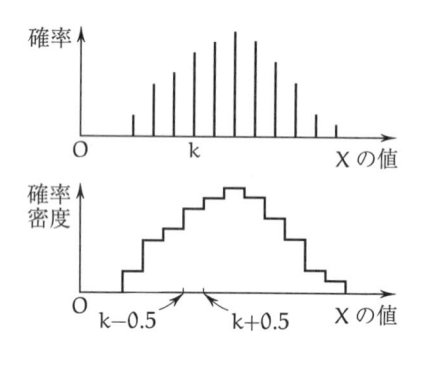

さて, 11 章でみた二項分布 $B(n, p)$ は応用上しばしば現れる確率分布であるが，n が大きくなると急速に計算がむずかしくなる．さいわい n が大きい場合，次に示すように $B(n, p)$ は正規分布 $N(np, np(1-p))$ で近似されることが知られており，正規分布はまた先に示した変換によって標準正規分布に帰着できるので，数表を用いて容易に計算することができる．

$B(n, p)$ のように確率変数のとりうる値が整数値であるとき，$X = k$ における確率を連続的確率分布の $k - 0.5$ と $k + 0.5$ の間の確率であると解釈し直して，階段形のグラフを持つ確率密度関数を考えれば（次図参照），

12章 正 規 分 布

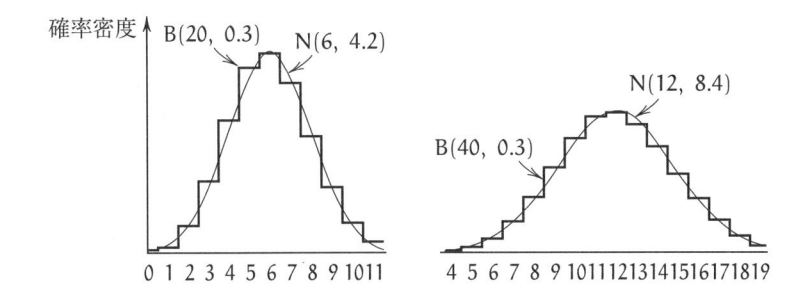

確率密度 B(20, 0.3) N(6, 4.2)

N(12, 8.4)
B(40, 0.3)

0 1 2 3 4 5 6 7 8 9 10 11   4 5 6 7 8 9 10 11 12 13 14 15 16 17 18 19

$B(n, p)$ から得られる階段形のグラフは，n が大きいほど正規分布のグラフに近づいてくる．このとき，もとの $B(n, p)$ での整数 a と b の間の確率 $P(a \leq X \leq b)$ は $N(np, np(1-p))$ における $a - 0.5$ と $b + 0.5$ の間の確率に近い．このことを $N(0, 1)$ を用いて表現すれば，次の公式のようになる．ただし，証明や精度の評価はむずかしいので省略する．

公式 12.1（二項分布の正規近似） n が大きいとき，二項分布 $B(n, p)$ における整数 a と b の間の確率 $P(a \leq X \leq b)$ は標準正規分布 $N(0, 1)$ における $(a - 0.5 - np)/\sqrt{np(1-p)}$ と $(b + 0.5 - np)/\sqrt{np(1-p)}$ の間の確率に近い．

応用上は，$B(n, p)$ における確率の値の精度は小数 2 位くらいまでで十分である．そしてこの程度の精度であれば，np, $n(1-p)$ がともに 5 より大なら上の公式が十分実用的であるといわれている（5 よりずっと大きければ，むろんもっと精度が上がる）．なお，この公式で 0.5 という数字を省いた公式がまずラプラスによって発見され，後に 0.5 を考慮することによって精度を向上させることができたといういきさつがある．これを**半整数補正**という．

◻ **例 12.1** ある硬貨を投げたとき，表と裏の出る確率は同じであるとする．100 回投げたとき表の出る相対度数が 0.49 と 0.51 の間に入る確率を求めたい．表の出る回数を X とすれば，X は $B(100, 0.5)$ に従う．相対度数が 0.49 と 0.51 の間ということは，$50 - 1 \leq X \leq 50 + 1$ ということであるから，$np = 50$, $\sqrt{np(1-p)} = 5$ と公式 12.1 を用いれば，求

める確率は $N(0,1)$ での $-1.5/5$ と $1.5/5$ の間での確率で近似される．正規分布表からこれは $\phi(0.3) - \phi(-0.3) = 2 \times \phi(0.3) = $ 約 0.24．すなわち，硬貨を 100 回投げて表の出る相対度数が 0.49 と 0.51 の間に入る確率は 24% である．1,000 回投げて相対度数が 0.49 と 0.51 の間に入る確率を求めると，今度は $B(1000, 0.5)$ での $P(500 - 10 \leq X \leq 500 + 10)$ を近似するのだから，$np = 500$，$\sqrt{np(1-p)} = 15.8$ より，(求める確率) $ = $ 約 $2 \times \phi(10.5/15.8) = $ 約 $2 \times \phi(0.665) = $ 約 0.49，すなわち 49% である．大数の法則が成り立つといっても，案外たくさん投げないと相対度数は確率に近いと保証できないものである．

❏ **例 12.2** 1 年間の死亡率が 0.04 であるような年代の人 25,000 人と契約している生命保険会社が，最小限何人分の支払金を用意しておくべきかを，判断を誤る確率が 1% 以内になるように決定したい．その年代の人 1 人と契約することを 1 つの試行とすれば，1 年間の死亡者数 X は $B(25000, 0.04)$ に従うことがわかる．求める人数を a 人とすれば，題意は $P(X \geq a) \leq 0.01$ なる a を求めよということである．このとき，右端 $= \infty$ と考える．$np = 1000$，$\sqrt{np(1-p)} = 31.0$ であるから，$N(0,1)$ で $(a - 0.5 - 1000)/31.0$ と ∞ の間の確率 ≤ 0.01 となる値を求めると，$t = (a - 0.5 - 1000)/31.0$ とおいて

$$\phi(\infty) - \phi(t) \leq 0.01$$

$$\therefore \quad \phi(t) \geq 0.49 \quad (\phi(\infty) = 0.5 \text{ より})$$

$$\therefore \quad t \geq 2.33$$

$$\therefore \quad a \geq 2.33 \times 31.0 + 0.5 + 1000$$

$$= \text{約 } 1073.$$

すなわち，最小限，平均値より 73 人分多い 1,073 人分を用意すべきである．

12章　正規分布

コラム　　パン屋のインチキ

まずは次のお話を読んでください．

正義感の強い市長がいた．彼の家には毎日パン屋がパンを 10 個配達する．市長は律儀にもパンの重さを計り，重さにばらつきがないかどうかを調べるのを日課にしている．いつも，1 個平均 200 グラムのパンが配達されている．ある日，市長はパン屋の配るパンに変化があったことに気がついた．彼はパン屋を呼び止めて詰問した．

市長「物価が高くなったとはいえ，パン 1 個の平均の重さを減らして値段が同じというのはまずいのではないか？」

パン屋「そんなことはありません．市長さんのお宅には毎日 1 個平均 200 グラムのパンを配っております．何がいけないのでしょうか？」

市長「君は，全体のパンの重さを軽くして，そのなかで重いものを選んで私の家へ配達しているに違いない．私のところには重いパンをよこしているのだ．他の市民には軽いパンを売りつけているのではないか？」

パン屋「証拠がおありで？」

市長「ある．」

さて，市長の示した根拠とはどのようなものだろうか．

「市長は自分の家に配られてくるパンの重さの分布が正規分布でないことに気づいた」という線で考えればどうでしょうか？

（「数は魔術師」ジョージ ガモフ，マーヴィン スターン著を参考にした）

第 12 章　章末問題 A

A-1. サイコロを n 回振ったとき，⚀ が出る相対度数が次の範囲内に入る確率を求めよ．

(1) $n = 100$, $1/6 - 0.1$ と $1/6 + 0.1$ の間
(2) $n = 1000$, $1/6 - 0.01$ と $1/6 + 0.01$ の間
(3) $n = 10000$, $1/6 - 0.01$ と $1/6 + 0.01$ の間

A-2. X の分布が $N(a, \sigma^2)$ のとき
(1) $Y = X + b$ の分布を求めよ．
(2) $Y = \lambda X$ の分布を求めよ．

第 12 章　章末問題 B

B-1. 積分
$$\int_{-\infty}^{\infty} \frac{1}{\sqrt{2\pi}} e^{-\frac{x^2}{2}} dx = 1$$

を証明せよ．

B-2. X_1 の分布は $N(a, \sigma^2)$, X_2 の分布は $N(b, \tau^2)$ で X_1 が X_2 と独立のとき，$X_1 + X_2$ の分布が $N(a+b, \sigma^2 + \tau^2)$ であることを示せ[1]．

B-3. X_k の分布が $N(a_k, \sigma_k^2)$ $(k = 1, 2, \cdots, n)$ で各自が独立のとき，$X_1 + X_2 + \cdots + X_n$ の分布が

$$N(a_1 + \cdots + a_n, \sigma_1^2 + \cdots + \sigma_m^2)$$

であることを示せ．

B-4. 密度関数 $\rho(x)$（常に $\rho(x) \geq 0$, $\int_{-\infty}^{\infty} \rho(x) dx = 1$）について $S_n = \int_{-\infty}^{\infty} x^n \rho(x) dx$ を $\rho(x)$ の（$x = 0$ のまわりの）n 次のモーメントという．

恒等式：

$$\sum_{n=0}^{\infty} \frac{t^n}{n!} \int_{-\infty}^{\infty} \frac{x^n}{\sqrt{2\pi}} e^{-\frac{x^2}{2}} dx = \int_{-\infty}^{\infty} \frac{1}{\sqrt{2\pi}} e^{xt - \frac{x^2}{2}} dx$$

の t^n の係数比較により，正規分布の密度関数 $\frac{1}{\sqrt{2\pi}} e^{-\frac{x^2}{2}}$ の n 次モーメント S_n を求めよ．

B-5. 密度関数を $\frac{1}{\sqrt{2\pi}} e^{-\frac{x^2}{2}}$ とする標準正規分布について，平均が 0，分散が 1 であることを証明せよ．

---

[1] 2つの正規分布を加えると山が2つになるような気がするが，確率変数が独立の場合には結局正規分布になる．この性質を再生性という．

13 検　　定

　二項分布や正規分布に従うと考えられる分布についてデータをとったとき，そのデータに基づいてなんらかの結論を導き出す方法について考えよう．たとえば，次の問題を考えよう．

> **例題 13.1**　ある大学の昨年の 1 年生男子学生の 50 m 走の記録の平均値および標準偏差は，それぞれ 7.30 秒，0.38 秒で正規分布に従っていることが調査により知られている．今年の入学生の内から 20 名を選んで記録をとったところ，その記録の平均値は 7.45 秒であった．現在の学生の走力は従来の学生の走力と比べて変化しているか，危険率 5% で検定せよ．ただし，分散は従来も現在も同じであるとする．

　このような問題について以下の方法で一定の結論を出すことができる．危険率とは，検定において目安となる確率のことで，後で詳しく解説する．この方法を検定という．具体的な検定の方法を述べる前に，検定についての用語と考え方を説明する．

（1）まず，対象とする分布は二項分布かまたは正規分布であることが前提である．他の分布について検定を行うことも不可能ではないが，この教科書では考えない．この例題では 50 m 走のタイムの分布が問題になっており，この分布は正規分布であると考えられる．昨年のデータがこれに当たり，平均 7.30 秒，標準偏差 0.38 秒というデータが与えられている．

(2) ここで平均という分布パラメータの調査が行われる必要がある．この問題の場合には「入学生のうちから 20 名を選んで記録をとった」がそれに相当する．そして 20 名の平均が 7.45 秒であるという観測値を得た．

(3) 上記の (1), (2) を比較する否定されるべき**仮説**（帰無仮説）を立てる．仮説の立て方は 2 種類ある．

両側検定：(1) と (2) の分布パラメータは**等しいと考えられる**という仮説．

片側検定：(1) の分布パラメータより (2) の分布パラメータは**大きい（または小さい）と考えられる**という仮説．

この問題では「変化しているといえるか」という問題なので「分布パラメータは等しいと考えられる」という仮説を立てることにする．すなわち両側検定を行うことになる．

(4) 危険率を設定する．通常は 5%, 3%, 1% のような値が設定される．この問題では 5% で行うように指示されているので，危険率を 5% とする．検定とは，統計的にみて **(3) の仮説が正しいときに観測値が実現する確率と危険率とを比較する**作業である．もし，

（場合1） (3) の仮説が正しいときに観測値が実現する確率が**危険率以上**であれば，**仮説は採択される**ことになる．

（場合2） (3) の仮説が正しいときに観測値が実現する確率が**危険率以下**であれば，**仮説は棄却される**ことになる．

それでは上の問題を解決してみよう．

解答 走力が従来のままであると仮説を立てる．20 人の記録の平均値 X は $N(7.30, 0.38^2/20)$ に従う．この分布と実測値 7.45 とを比較する．そのために，X を標準正規分布 Z に変数変換する．$\sigma(X) = \sqrt{V(X)} = \sqrt{0.38^2/20} = 0.38\sqrt{20}$ であることに注意すると，

$$Z = \frac{X - m}{\sigma} = \frac{X - 7.30}{0.38/\sqrt{20}} = \sqrt{20}\frac{X - 7.30}{0.38}$$

である．この変換に従うと $X = 7.45$ は $Z = \sqrt{20}\frac{7.45 - 7.30}{0.38} \sim 1.765$ と変換される．

ここで，両側検定を行うために，標準正規分布表より，$P(Z > k) = 0.05/2 = 0.025$ となる k の値を求める．表 A.1 より $k = 1.960$ である．したがって，$-1.960 < Z < 1.960$ の範囲に入る確率は 95% であることになる．

さて，今年のデータは $Z = 1.765$ であり，$-1.960 < Z < 1.960$ の範囲に入る．したがって，仮説は 95% 以上正しいということになり，仮説は採択される．したがって，昨年と比べて，今年は走力が変化したとは考えられない．

注意 13.1
（1）途中，危険率を 2 で割ったが，これは「両側」なので危険率を 2 で割る．
（2）「$P(Z > k) = 0.025$ となる k の値」は $P(0 < Z < k) = 0.5 - 0.025 = 0.475$ となる k の値を求める問題と同じである．したがって，標準正規分布表から 0.475 の数字を探せばよい．
（3）「両側検定で危険率 5%」の場合には，いつでも $k = 1.960$ と比較すればよいので，この数字を覚えておくことは有用である．
（4）問題を少し変更して，「昨年よりも速くなったと考えられるか」という問題を解いてみよう．今度は走力が変化しているという仮説を立てたので，片側検定となる．片側検定の場合は，$P(Z > k') = 0.05$ をみたすような k' をみつける（片側なので 2 で割らないのである）．そのような k' は $k' = 1.645$ と考えられる．したがって，$Z < 1.645$ の範囲に入る確率が 95% であることになる．今年のデータは $Z = 1.765$ なので，$Z < 1.645$ の範囲に入らない．したがって，仮説は棄却され，走るのが速くなったとはいえない，と判定する．
（5）厳密には対立仮説も設定し，対立仮説が真のときに偽と判定する誤りの確率をできるだけ少なくするよう限定方式をつくる必要がある．

> **例題 13.2** 東京都民の中から 400 人を無作為に抽出し，ある問題について世論調査を行ったところ，賛成者 220 人，反対者 180 人を得た．この事実から都民の過半数はこの問題に賛成とみなして差し支えないか．

解答 この問題は次のように考えられる．都民全体の賛成率が半分以下のときに，400 人の内の賛成者が 220 人である確率を考える．すなわち，ここで賛成率は 1/2 以下であるという仮説を設定する．

賛成率が 1/2 のときに，400 人中の賛成者の数 X は二項分布 $B(400, 1/2)$ に従うと考えられる．X の期待値と分散はそれぞれ 200，100 であるから，正規分布 $N(200, 100)$ にほぼ従うと考えられる．変数変換により，$Z = (X - 200)/10$ は標準正規分布に従う．すると，$X = 220$ という値は，$Z = (220 - 200)/10 = 2.0$ となる．

これは片側検定になるので，$P(Z > k) = 0.05$ となる k の値を求める．表より $k = 1.645$ である．したがって，$Z < 1.645$ の範囲に入る確率が 95% であることになる．

このことより，$Z = 2.0$ は $Z < 1.645$ の範囲に入らないことがわかり，仮説は棄却される．つまり，賛成率は 1/2 とは考えられず，半数より多いと考えられる．

検定の考察としては以上でよいのであるが，数学的には，さらなる考察が必要である．ここでは賛成率が 1/2 であるという仮説を棄却したにすぎない．賛成率を 1/2 以下のある値 p であると仮説を立てたとしよう．その場合には，$Z = (X - 400p)/\sqrt{400p(1-p)}$ を考えることになるが，Z の値は大きくなる（分子は大きくなり，分子は小さくなる）ので，p = 1/2 のときに棄却された仮説は p < 1/2 のときにも棄却されることがわかる．

公式 12.1 を用いれば，より精密な考察を行うことができる．この場合には，半整数補正の項が追加されるが，その効果は標準正規分布の値に換算して $0.5/\sigma$ に相当する．この場合は $0.5/10 = 0.05$ である．したがって，X = 220 という値は $Z = 2.0 - 0.05 = 1.95$ という値に補正される（マイナスの値の場合には 0.05 を加える補正を行うことに注意）．

> **例題 13.3** A 大学と B 大学の男子学生の中から，それぞれ 10 人ずつを選んでその身長の平均を求めたところ，A 大学の平均は 170.18 cm，B 大学の平均は 169.39 cm であった．A 大学と B 大学の学生全体の身長の平均に違いがあるかどうか，危険率 5% で検定せよ．ただし，両大学とも身長の標準偏差は 1.0 cm であるとする．

解答 A 大学，B 大学の学生全体の身長の平均値を p_A, p_B とする．$p_A = p_B$ を仮説として設定する．A 大学の 10 人の学生の身長の平均値 X が正規分布 $N(p_A, 1.0^2/10)$ に，B 大学の 10 人の学生の身長の平均値 Y が正規分布 $N(p_B, 1.0^2/10)$ に従う．$W = X - Y$ という確率変数を考える．X と $-Y$ は独立な確率変数であると考えられるので，12 章章末問題 B-2 よりその和 X − Y も正規分布となると考えられる．

今，X は平均 p_A，分散 $1.0^2/10$ であり，−Y は平均 $-p_B$，分散 $1.0^2/10$ であるので，その和 $W = X - Y$ は平均 $p_A - p_B = 0$，分散 $1.0^2/10 + 1.0^2/10$ であると考えられる．まとめると，W は正規分布 $N(0, 0.2)$ に従う．

W を変数変換して，$Z = (W - 0)/\sqrt{0.2}$ とすれば，Z は標準正規分布に従う．測定値は $W = 170.18 - 169.39 = 0.79$ であるので，変数変換して $Z = 0.79/\sqrt{0.2} \sim 1.76$ である．危険率 5% で両側検定するのだから，$P(Z > k) = 0.05/2 = 0.025$ となる k の値を求める．表 A.1 より $k = 1.960$ である．したがって，$-1.960 < Z < 1.960$ の範囲に入る確率は 95% であることになる．測定値 $Z = 1.76$ は $-1.960 < Z < 1.960$ の範囲に入るので，仮説は棄却されない．

第13章　章末問題 A

A-1. 某商品について1級品とは，その商品の入った箱のうち10%のものに何がしかの不良品が1個以上入っているものをいい，また2級品とは同じく20%のものについて上記の条件を持ったものをいう．いま等級が不明である箱が，100箱あり，これを調べたところ，そのうち15箱に不良品が発見された．この100箱は1級品とみなすべきか，2級品とみなすべきか．危険率10%で検定せよ．

A-2. ある自動車メーカーはある車種のガソリン1ℓ当たりの走行距離を$18.5\,\mathrm{km}/\ell$にしている．ある期間に製造された8台の車の実験走行の平均走行距離は，$17.95\,\mathrm{km}/\ell$であった．この期間の車の走行距離は規格からずれているかどうか，危険率5%で検定せよ．ただし，走行距離は正規分布に従うことが知られていて，標準偏差は$1.5\,\mathrm{km}/\ell$であるとする．

A-3. 昭和57年度共通一次学力試験の全教科1,000点満点のところ，全受験者の平均点は620.00点，標準偏差は136.92点であった．ある高校でその受験者の受験後の自己採点の中から，無作為に選んだ50名の成績の平均点は667.6点であった．危険率5%で次の検定をせよ．
（1）その高校の受験者の平均点は全受験者の平均と異なるといえるか．
（2）その高校の受験者の平均点は全受験者の平均点より高いといえるか．

A-4. 1枚の硬貨を256回卓上に投げてみたところ，そのうち140回表が出て，116回が裏を向いた．この硬貨は正しくつくられているか，危険率5%で検定せよ．

A-5. A種の稲とその改良B種の稲を28か所の田んぼに植えて収穫を比較したところ，20か所の田んぼでB種のほうがA種よりも収穫が多かった．改良のあとがあると認められるか．危険率1%で検定せよ．

A-6. 某工場では毎日8時から5時までの間に8時間操業するが，この工場で過去1か月におけるある種の事故の件数を調べてみたところ，計600件のうち90件までは閉業前1時間の間に起こっていることが判明した．閉業間際にこの事故は余計に発生すると認められるか．危険率1%で検定せよ．

A-7. 某大学に入学したA学科1年生50名について，その入試成績の得点を調べたところ，平均点360点，標準偏差10点を示した．B学科1年生50名では同じく平均点365点，標準偏差95点を示した．両学科に入学する1年生全体での平均点は，果たして同じとみなしてよいか．危険率5%で検定せよ．両学科の1年生全体での標準偏差は既知ではないので，それらを標本である50人の標準偏差で置き換えて考えよ．

付　　録

表 A.1 標準正規分布表 $u \mapsto \Phi(u)$ (12章を参照のこと)

u	.00	.01	.02	.03	.04	.05	.06	.07	.08	.09
0.0	0.0000	0.0040	0.0080	0.0120	0.0160	0.0199	0.0239	0.0279	0.0319	0.0359
0.1	0.0398	0.0438	0.0478	0.0517	0.0557	0.0596	0.0636	0.0675	0.0714	0.0753
0.2	0.0793	0.0832	0.0871	0.0910	0.0948	0.0987	0.1026	0.1064	0.1103	0.1141
0.3	0.1179	0.1217	0.1255	0.1293	0.1331	0.1368	0.1406	0.1443	0.1480	0.1517
0.4	0.1554	0.1591	0.1628	0.1664	0.1700	0.1736	0.1772	0.1808	0.1844	0.1879
0.5	0.1915	0.1950	0.1985	0.2019	0.2054	0.2088	0.2123	0.2157	0.2190	0.2224
0.6	0.2257	0.2291	0.2324	0.2357	0.2389	0.2422	0.2454	0.2486	0.2517	0.2549
0.7	0.2580	0.2611	0.2642	0.2673	0.2704	0.2734	0.2764	0.2794	0.2823	0.2852
0.8	0.2881	0.2910	0.2939	0.2967	0.2995	0.3023	0.3051	0.3078	0.3106	0.3133
0.9	0.3159	0.3186	0.3212	0.3238	0.3264	0.3289	0.3315	0.3340	0.3365	0.3389
1.0	0.3413	0.3438	0.3461	0.3485	0.3508	0.3531	0.3554	0.3577	0.3599	0.3621
1.1	0.3643	0.3665	0.3686	0.3708	0.3729	0.3749	0.3770	0.3790	0.3810	0.3830
1.2	0.3849	0.3869	0.3888	0.3907	0.3925	0.3944	0.3962	0.3980	0.3997	0.4015
1.3	0.4032	0.4049	0.4066	0.4082	0.4099	0.4115	0.4131	0.4147	0.4162	0.4177
1.4	0.4192	0.4207	0.4222	0.4236	0.4251	0.4265	0.4279	0.4292	0.4306	0.4319

表A.1のつづき

u	.00	.01	.02	.03	.04	.05	.06	.07	.08	.09
1.5	0.4332	0.4345	0.4357	0.4370	0.4382	0.4394	0.4406	0.4418	0.4429	0.4441
1.6	0.4452	0.4463	0.4474	0.4484	0.4495	0.4505	0.4515	0.4525	0.4535	0.4545
1.7	0.4554	0.4564	0.4573	0.4582	0.4591	0.4599	0.4608	0.4616	0.4625	0.4633
1.8	0.4641	0.4649	0.4656	0.4664	0.4671	0.4678	0.4686	0.4693	0.4699	0.4706
1.9	0.4713	0.4719	0.4726	0.4732	0.4738	0.4744	0.4750	0.4756	0.4761	0.4767
2.0	0.4772	0.4778	0.4783	0.4788	0.4793	0.4798	0.4803	0.4808	0.4812	0.4817
2.1	0.4821	0.4826	0.4830	0.4834	0.4838	0.4842	0.4846	0.4850	0.4854	0.4857
2.2	0.4861	0.4864	0.4868	0.4871	0.4875	0.4878	0.4881	0.4884	0.4887	0.4890
2.3	0.4893	0.4896	0.4898	0.4901	0.4904	0.4906	0.4909	0.4911	0.4913	0.4916
2.4	0.4918	0.4920	0.4922	0.4925	0.4927	0.4929	0.4931	0.4932	0.4934	0.4936
2.5	0.4938	0.4940	0.4941	0.4943	0.4945	0.4946	0.4948	0.4949	0.4951	0.4952
2.6	0.49534	0.49547	0.49560	0.49573	0.49585	0.49598	0.49609	0.49621	0.49632	0.49643
2.7	0.49653	0.49664	0.49674	0.49683	0.49693	0.49702	0.49711	0.49720	0.49728	0.49736
2.8	0.49744	0.49752	0.49760	0.49767	0.49774	0.49781	0.49788	0.49795	0.49801	0.49807
2.9	0.49813	0.49819	0.49825	0.49831	0.49836	0.49841	0.49846	0.49851	0.49856	0.49861
3.0	0.49865	0.49869	0.49874	0.49878	0.49882	0.49886	0.49889	0.49893	0.49896	0.49900

表 A.2 二項分布表　　$\sum_{i=0}^{r} {}_nC_i p^i (1-p)^{n-i}$ （10章を参照のこと）

n	r	0.10	0.20	0.25	0.30	0.40	0.50	0.60	0.70	0.80	0.90
5	0	0.5905	0.3277	0.2373	0.1681	0.0778	0.0312	0.0102	0.0024	0.0003	0.0000
	1	0.9185	0.7373	0.6328	0.5282	0.3370	0.1875	0.0870	0.0308	0.0067	0.0005
	2	0.9914	0.9421	0.8965	0.8369	0.6826	0.5000	0.3174	0.1631	0.0579	0.0086
	3	0.9995	0.9933	0.9844	0.9692	0.9130	0.8125	0.6630	0.4718	0.2627	0.0815
	4	1.0000	0.9997	0.9990	0.9976	0.9898	0.9688	0.9222	0.8319	0.6723	0.4095
10	0	0.3487	0.1074	0.0563	0.0282	0.0060	0.0010	0.0001	0.0000	0.0000	0.0000
	1	0.7361	0.3758	0.2440	0.1493	0.0464	0.0107	0.0017	0.0001	0.0000	0.0000
	2	0.9298	0.6778	0.5256	0.3828	0.1673	0.0547	0.0123	0.0016	0.0001	0.0000
	3	0.9872	0.8791	0.7759	0.6496	0.3823	0.1719	0.0548	0.0106	0.0009	0.0000
	4	0.9984	0.9672	0.9219	0.8497	0.6331	0.3770	0.1662	0.0474	0.0064	0.0002
	5	0.9999	0.9936	0.9803	0.9527	0.8338	0.6230	0.3669	0.1503	0.0328	0.0016
	6	1.0000	0.9991	0.9965	0.9894	0.9452	0.8281	0.6177	0.3504	0.1209	0.0128
	7	1.0000	0.9999	0.9996	0.9984	0.9877	0.9453	0.8327	0.6172	0.3222	0.0702
	8	1.0000	1.0000	1.0000	0.9999	0.9983	0.9893	0.9536	0.8507	0.6242	0.2639
	9	1.0000	1.0000	1.0000	1.0000	0.9999	0.9990	0.9940	0.9718	0.8926	0.6513

表A.2のつづき

n	r	0.10	0.20	0.25	0.30	0.40	0.50	0.60	0.70	0.80	0.90
15	0	0.2059	0.0352	0.0134	0.0047	0.0005	0.0000	0.0000	0.0000	0.0000	0.0000
	1	0.5490	0.1671	0.0802	0.0353	0.0052	0.0005	0.0000	0.0000	0.0000	0.0000
	2	0.8159	0.3980	0.2361	0.1268	0.0271	0.0037	0.0003	0.0000	0.0000	0.0000
	3	0.9444	0.6482	0.4613	0.2969	0.0905	0.0176	0.0019	0.0001	0.0000	0.0000
	4	0.9873	0.8358	0.6865	0.5155	0.2173	0.0592	0.0094	0.0007	0.0000	0.0000
	5	0.9978	0.9389	0.8516	0.7216	0.4032	0.1509	0.0338	0.0037	0.0001	0.0000
	6	0.9997	0.9819	0.9434	0.8689	0.6098	0.3036	0.0951	0.0152	0.0008	0.0000
	7	1.0000	0.9958	0.9827	0.9500	0.7869	0.5000	0.2131	0.0500	0.0042	0.0000
	8	1.0000	0.9992	0.9958	0.9848	0.9050	0.6964	0.3902	0.1311	0.0181	0.0003
	9	1.0000	0.9999	0.9992	0.9963	0.9662	0.8491	0.5968	0.2784	0.0611	0.0023
	10	1.0000	1.0000	0.9999	0.9993	0.9907	0.9408	0.7827	0.4845	0.1642	0.0127
	11	1.0000	1.0000	1.0000	0.9999	0.9981	0.9824	0.9095	0.7031	0.3518	0.0556
	12	1.0000	1.0000	1.0000	1.0000	0.9997	0.9963	0.9729	0.8732	0.6020	0.1841
	13	1.0000	1.0000	1.0000	1.0000	1.0000	0.9995	0.9948	0.9647	0.8329	0.4510
	14	1.0000	1.0000	1.0000	1.0000	1.0000	1.0000	0.9995	0.9953	0.9648	0.7941

問題のヒント・解答

1 章

A-1. $2^6 = 64$（通り）.

A-2. $\overline{A} = \{⚀,⚁,⚅\}$, $A \cup B = \{⚀,⚁,⚃,⚄,⚅\}$, $A \cap B = \{⚄\}$, $\overline{A} \cup B = \{⚀,⚁,⚄,⚅\}$, $\overline{A} \cap B = \{⚄,⚅\}$.

A-3. A と排反な事象は $\overline{A}$ の部分集合だから，その場合の数は $2^3 = 8$ 通り．

A-4. 標本空間の元の個数は 52 個．根元事象の例は「♦ の 7」.

A-5. （1）$X = \{(⚀,⚀), \cdots, (⚀,⚅), (⚁,⚀), \cdots, (⚅,⚅)\}$

（2）$\{(⚀,⚁)\}$

（3）たとえば，$\{(⚀,⚀)\}$. $\overline{A}$ の部分集合はすべて A と排反である．

（4）$\{(⚀,⚁),(⚁,⚀),(⚁,⚁),(⚁,⚄),(⚄,⚁)\}$

B-1. いくつかをかいつまんで証明する．

（$\overline{\overline{A}} = A$ の証明）

$a \in \overline{\overline{A}}$ とすると，$a \notin \overline{A}$ であり，$a \in A$ である．したがって，$\overline{\overline{A}} \subset A$ である．
$a \in A$ とすると，$a \notin \overline{A}$ であり，$a \in \overline{\overline{A}}$ である．したがって，$A \subset \overline{\overline{A}}$ である．以上より $\overline{\overline{A}} = A$ である． □

（分配法則 $A \cup (B \cap C) = (A \cup B) \cap (A \cup C)$ の証明）

$a \in A \cup (B \cap C)$ であると仮定すると，$a \in A$ または $a \in B \cap C$ である．

（$a \in A$ の場合）$A \subset A \cup B$ より，$a \in A \cup B$ である．$A \subset A \cup C$ より，$a \in A \cup C$ である．したがって

$$a \in (A \cup B) \cap (A \cup C) \tag{あ}$$

である．

（$a \in B \cap C$ の場合）$B \cap C \subset B \subset A \cup B$ より，$a \in A \cup B$ である．$B \cap C \subset C \subset A \cup C$ より，$a \in A \cup C$ である．したがって

$$a \in (A \cup B) \cap (A \cup C) \tag{い}$$

である．

いずれの場合にも
$$A \cup (B \cap C) \subset (A \cup B) \cap (A \cup C) \qquad (う)$$
である.

$a \in (A \cup B) \cap (A \cup C)$ であると仮定する. $a \in (A \cup B)$ かつ $a \in (A \cup C)$ が成り立つ. もし $a \in A$ ならば明らかに $a \in A \cup (B \cap C)$ なので, $a \notin A$ の場合を考える. $a \in (A \cup B)$ であるから $a \in B$ でなくてはならない. 同様に $a \in (A \cup C)$ であるから $a \in C$ でなくてはならない. この2つをまとめていうと $a \in B \cap C$ ということであり, $a \in A \cup (B \cap C)$ であることが示せた. 以上より
$$(A \cup B) \cap (A \cup C) \subset A \cup (B \cap C) \qquad (え)$$
である.

(う), (え) より $A \cup (B \cap C) = (A \cup B) \cap (A \cup C)$ が示されたことになる. □

(ド・モルガンの法則 $\overline{A \cap B} = \overline{A} \cup \overline{B}$ の証明)

$a \in \overline{A \cap B}$ と仮定すると, $a \notin A \cap B$ である. ここで場合分けする.

($a \in A$ の場合) $A = A \cap U = A \cap (B \cup \overline{B}) = (A \cap B) \cup (A \cap \overline{B})$ であるが, $a \notin A \cap B$ であるので, $a \in A \cap \overline{B}$ である. $a \in A \cap \overline{B} \subset \overline{B} \subset \overline{A} \cup \overline{B}$ より
$$a \in \overline{A} \cup \overline{B} \qquad (\text{ア})$$
である.

($a \notin A$ の場合) $a \in \overline{A}$ であるから直ちに
$$a \in \overline{A} \cup \overline{B} \qquad (\text{イ})$$
である.

(ア), (イ) より
$$\overline{A \cap B} \subset \overline{A} \cup \overline{B} \qquad (\text{ウ})$$
が示された.

$a \in \overline{A} \cup \overline{B}$ を仮定する. $a \in \overline{A}$ または $a \in \overline{B}$ である. 場合分けを行う.

($a \in \overline{A}$ の場合) $a \notin A$ である. $A \cap B \subset A$ より, $a \notin A \cap B$ である. したがって,
$$a \in \overline{A \cap B}. \qquad (\text{エ})$$

($a \in \overline{B}$ の場合) $a \notin B$ である. $A \cap B \subset B$ より, $a \notin A \cap B$ である. したがって,
$$a \in \overline{A \cap B}. \qquad (\text{オ})$$

(エ), (オ) より
$$\overline{A} \cup \overline{B} \subset \overline{A \cap B}. \qquad (\text{カ})$$

(ウ), (カ) より $\overline{A \cap B} = \overline{A} \cup \overline{B}$ が示されたことになる. □

B-2. 52枚の中から5枚を取り出すから，$_{52}C_5 = 2598960$（通り）．

B-3. 重複を許す1から6までの2個の数字についての場合の数は重複組合せであって，$_6H_2 = {}_7C_2 = 21$（通り）である．

B-4. 重複を許す1から6までのn個の数字についての場合の数は重複組合せであって，$_6H_n = {}_{n+5}C_5$（通り）である．

B-5. たとえば，じゃんけんで勝負がつくまでにかかる回数．

B-6. たとえば，1時間おきにバスが来るような停留所に任意の時刻に到着したとして，その待ち時間．

2章

A-1. $_{52}C_5 = 2598960$（通り）．

A-2. $4 \times {}_{13}C_5 = 5148$（通り）．

A-3. Aのワンペアの組合せは $_4C_2 \times 4^3 \times {}_{12}C_3 = 84480$（通り）．ワンペアの総数は $13 \times {}_4C_2 \times 4^3 \times {}_{12}C_3 = 1098240$．

A-4. A・2のツーペアの組合せは $_4C_2 \times {}_4C_2 \times 44 = 1584$（通り）．ツーペアの場合の数は $_{13}C_2 \times {}_4C_2 \times {}_4C_2 \times 44 = 123552$（通り）．

A-5. A,2,3,4,5のストレートの場合の数は $4^5 = 1024$（通り）．ストレートの総数は $10 \times 4^5 = 10240$（通り）．

A-6. 15日間あるので $2^{15} = 32768$（通り）．9勝6敗の星取表は $_{15}C_9 = 5005$（通り）．

B-1. （1）
$$_nC_{n-k} = \frac{n!}{(n-k)!(n-(n-k))!} = \frac{n!}{(n-k)!k!} = {}_nC_k$$

（2）
$$_{n-1}C_k + {}_{n-1}C_{k-1} = \frac{(n-1)!}{k!(n-1-k)!} + \frac{(n-1)!}{(k-1)!(n-k)!}$$
$$= \frac{(n-1)!}{(k-1)!(n-1-k)!}\left(\frac{1}{k} + \frac{1}{n-k}\right)$$
$$= \frac{n!}{k!(n-k)!} = {}_nC_k$$

B-2. 省略

B-3. $n+k$に関する帰納法を用いている．$n+k=0$の場合とはすなわち $n=k=0$の場合であって，これは1である．また，$k<0$の場合，$k>n$の場合0としておく．$n+k>0$の場合，もし$k=0$の場合にはnCk(n-1,k)=1, nCk(n-1,k-1)=0 なので，値は1となる．もし$k=n$の場合にはnCk(n-1,k)=0, nCk(n-1,k-1)=1 なので，値は 1 となる．$0 < k < n$ の場合には，定理 2.1 により値が定まる．

3 章

A-1. $P(A \cup B) = 5/6$, $P(\overline{A}) = 2/3$, $P(\overline{A} \cap B) = 1/2$

A-2. $P(A \cap B) = 7/60$, $P(A \cap \overline{B}) = 1/12$, $P(\overline{A} \cap B) = 2/15$

A-3. $P(A \cup B) = 23/60$, $P(A \cup \overline{B}) = 19/20$, $P(\overline{A} \cup B) = 13/15$

A-4. $P(A \cap \overline{B}) = a(1-b)$, $P(\overline{A} \cap B) = (1-a)b$, $P(\overline{A} \cap \overline{B}) = (1-a)(1-b)$

B-1. $B = U \cap B = (A \cup \overline{A}) \cap B = (A \cap B) \cup (\overline{A} \cap B)$ であるが，$A \subset B$ なので $B = A \cup (\overline{A} \cap B)$ である．したがって $P(\overline{A} \cap B) \geq 0$ に注意すると，$P(B) = P(A) + P(\overline{A} \cap B) \geq P(A)$ である．

B-2. $B = U \cap B = (A \cup \overline{A}) \cap B = (A \cap B) \cup (\overline{A} \cap B)$ である．$A \cap B$ と $\overline{A} \cap B$ とは排反なので，$P(B) = P(A \cap B) + P(\overline{A} \cap B)$．これを移項して $P(\overline{A} \cap B) = P(B) - P(A \cap B)$ を得る．

B-3. $n = 2$ のときは，定理 3.1 により正しい．$n = k - 1$ のときに命題が成り立っていると仮定して，$n = k$ の場合を証明する．$A_1, \cdots, A_k$ が互いに排反な事象であるとする．$B = A_2 \cup \cdots \cup A_k$ により事象 B を定義する．仮定より

$$P(B) = P(A_2 \cup \cdots \cup A_k) = P(A_2) + \cdots + P(A_k) \tag{a}$$

である．$A_1 \cap B = A_1 \cap (A_2 \cup \cdots \cup A_k) = (A_1 \cap A_2) \cup \cdots \cup (A_1 \cap A_k) = \emptyset \cup \cdots \cup \emptyset = \emptyset$ であるから，A_1 と B とは排反．したがって加法定理より

$$P(A_1 \cup B) = P(A_1) + P(B) \tag{b}$$

である．式 (a), (b) より

$$P(A_1 \cup \cdots \cup A_k) = P(A_1) + \cdots + P(A_k)$$

が得られる．したがって $n = k$ でも命題は正しい． □

B-4. まず，$B = A_1 \cup A_2$ とおくと，定理 3.2 により

$$P(A_1 \cup A_2 \cup A_3) = P(B \cup A_3) = P(B) + P(A_3) - P(B \cap A_3) \tag{A}$$

である．右辺第 1 項は

$$P(B) = P(A_1 \cup A_2) = P(A_1) + P(A_2) - P(A_1 \cap A_2) \tag{B}$$

であり，右辺第 3 項は

$$P(B \cap A_3) = P((A_1 \cup A_2) \cap A_3) = P((A_1 \cap A_3) \cup (A_2 \cap A_3))$$
$$= P(A_1 \cap A_3) + P(A_2 \cap A_3) - P((A_1 \cap A_3) \cap (A_2 \cap A_3))$$

$$= P(A_1 \cap A_3) + P(A_2 \cap A_3) - P((A_1 \cap A_2 \cap A_3)$$

と計算される．式 (A)，(B) をこの式とあわせると

$$P(A_1 \cup A_2 \cup A_3) = P(A_1) + P(A_2) + P(A_3)$$
$$- \{P(A_1 \cap A_2) + P(A_2 \cap A_3) + P(A_3 \cap A_1)\} + P(A_1 \cap A_2 \cap A_3)$$

が示される． □

B-5. 結論だけをいえば，事象 A は空事象ではないが，$P(A) = 0$ である．

4 章

A-1. （1） $P_B(A) = 2/5$
（2） $P_A(B) = 2/3$

A-2. （1） $P_A(B) = P(A \cap B)/P(A) = (1/3)/(1/2) = 2/3$，$P(B) = 2/3$ より．
（2） $P_A(C) = P(A \cap C)/P(A) = (1/3)/(1/2) = 2/3$，$P(C) = 1/2$ より．
（3） たとえば，{⚀, ⚂}．

A-3. （1） $(1-p)q$
（2） $(1-p)(1-q)$
（3） $p + q - pq$

A-4. A から出る不良品は全体の 1.2%，B から出る不良品は全体の 0.9%，C から出る不良品は全体の 0.4%，したがって，$(0.9)/(1.2 + 0.9 + 0.4) = 0.36$ となる．

A-5. 決勝で A と C の対戦になって A が優勝する確率は $\frac{7 \cdot 5 \cdot 3}{8 \cdot 6 \cdot 9}$，決勝で A と D の対戦になって A が優勝する確率は $\frac{7 \cdot 1 \cdot 9}{8 \cdot 6 \cdot 13}$．この 2 つをあわせて，A が優勝する確率は約 0.344017．他の人の優勝する確率はそれぞれ

A	0.344017
B	0.109375
C	0.494792
D	0.051816

となる．勝率のよいものが優勝するわけではないことに注意．トーナメントでは相性のいい相手と当たるほうが有利である．

A-6. この場合には，$P(A) = 1/2, P(B) = 1/2, P(A \cap B) = 1/4$ なので，A と B は独立である．

A-7. 交換しない場合の当たる確率を考える．最初に手にしたくじが当たりである確率は 1/3，交換しないのだから，それがそのまま当たる確率である．したがって，交換した場合の当たる確率は 2/3 であり，交換したほうが有利だということがわかる．

B-1.
$$P_B(U) = \frac{P(B \cap U)}{P(B)} = \frac{P(B)}{P(B)} = 1.$$

B-2.
$$P(B) = P(B \cap U) = P(B \cap (A \cup \overline{A})) = P((B \cap A) \cup (B \cap \overline{A}))$$
$$= P(B \cap A) + P(B \cap \overline{A}) - P((B \cap A) \cap (B \cap \overline{A})).$$

$(B \cap A) \cap (B \cap \overline{A}) = \emptyset$ に注意して，両辺を $P(B)$ で割ると，$1 = P_B(A) + P_B(\overline{A})$ となり，移項すれば求める等式が得られる．

B-3.
$$P(B \cap (A_1 \cup A_2))$$
$$= P((B \cap A_1) \cup (B \cap A_2))$$
$$= P(B \cap A_1) + P(B \cap A_2) - P((B \cap A_1) \cap (B \cap A_2)).$$

A_1 と A_2 が排反であることから，$(B \cap A_1) \cap (B \cap A_2) = \emptyset$ である．したがって
$$P(B \cap (A_1 \cup A_2)) = P(B \cap A_1) + P(B \cap A_2).$$

両辺を $P(B)$ で割って
$$P_B(A_1 \cup A_2) = P_B(A_1) + P_B(A_2)$$

を得る．

B-4. 乗法公式より $P_B(A)P(B) = P(A \cap B)$, $P_A(B)P(A) = P(A \cap B)$ であることから．

B-5.
$$P(B \cap (A_1 \cup A_2))$$
$$= P((B \cap A_1) \cup (B \cap A_2))$$
$$= P(B \cap A_1) + P(B \cap A_2) - P((B \cap A_1) \cap (B \cap A_2))$$
$$= P(B \cap A_1) + P(B \cap A_2) - P(B \cap (A_1 \cap A_2)).$$

両辺を $P(B)$ で割って与式を得る．

B-6. A と B が独立であるとすると，$P(A \cap B) = P(A)P(B)$ である．4章の問題 B-2 で示したように $P(B) = P(B \cap A) + P(B \cap \overline{A})$ であるから，$P(A \cap B)$ を消去して
$$P(B) = P(A)P(B) + P(B \cap \overline{A})$$

を得る．これより
$$P(B \cap \overline{A}) = P(B)(1 - P(A)) = P(B)P(\overline{A})$$

であり，$\overline{A}$ と B が独立であることが示された．

B-7. （1） A_1, A_2 は排反なので，4章の問題 B-3 の計算を用いれば，
$$P(B) = P(B \cap U) = P(B \cap (A_1 \cup A_2)) = P(B \cap A_1) + P(B \cap A_2)$$
である．$P(B \cap A_1) = P(A_1)P_{A_1}(B), P(B \cap A_2) = P(A_2)P_{A_2}(B)$ を代入すれば，与式を得る．
（2） （1）で得た式と乗法公式より直ちに示される．

B-8. 前問と同じ方法で証明されるので省略する．

B-9. （1） 1番の人が正しく座るか間違えて座るかそれぞれ 1/2 の確率なので，求める確率は 1/2 である．
（2） 1番の人が正しく座る確率が 1/3 で，その場合には必ず3番の人は自分の席に座れる．1番の人が2番の席に座る確率が 1/3 で，その場合にはさらに 1/2 の確率で3番の人は自分の席に座れる．したがって，この場合の確率は 1/6．1番の人が3番の席に座ると，3番の人は自分の席には座れない．この場合は確率 0．以上をあわせて $1/3 + 1/6 = 1/2$ が求める確率である．
（3） 各自考えてみよ．

5章

A-1. （1） $\dfrac{k}{k+s-1}$

（2） $\dfrac{s-1}{k+s-1}$

（3） $\dfrac{s}{k+s} \times \dfrac{k}{k+s-1}$

（4） $\dfrac{s}{k+s} \times \dfrac{s-1}{k+s-1}$

A-2. （1） 0.3456
（2） 0.9744
（3） 8回（7回では 0.9984，8回では 0.9993 である．）

A-3. $29/8^4 \sim 0.00708$

A-4. $(0.4)^4(1 + 4(0.6) + 10(0.6)^2 + 20(0.6)^3) = 0.289792$

B-1. 2回のプレーを一組にして考えると，A が 2 連勝する確率は p^2，B が 2 連勝する確率は $(1-p)^2$．それ以外（確率 $2p(1-p)$）は引き分け再試合である．n 回の再試合の後に A が勝つ確率は $(2p(1-p))^n p^2$ であるから，A が勝つ場合の確率の総和は
$$p^2(1 + (2p(1-p)) + (2p(1-p))^2 + \cdots)$$
$$= \frac{p^2}{1 - 2p(1-p)} = \frac{p^2}{1 - 2p + 2p^2}$$

である.

B-2. 求める回数を n とすると, $1-(0.4)^n > 1-10^{-k}$ を n について解けばよいことになる.

$$1-(0.4)^n > 1-10^{-k}$$
$$(0.4)^n < 10^{-k}$$
$$n\log_{10}0.4 < -k$$
$$\therefore\ n > k/0.3980$$

(ただし, $\log_{10}0.4 = -1 + 2\log_{10}2 \sim -0.3980$ を使っている). したがって, 求める n は $[k/0.3980] + 1$ である. ここで [x] は「x を超えない最大の整数 (ガウス記号)」を意味するものとする.

B-3. どの人も ℓ/n. くじはひく順番によらず同じ確率で当たる. n 本のくじに $1, 2, \cdots, n$ と番号がついており, 最初の ℓ 本が当たりだとして計算しよう. k 人の人がくじをひく組合せは ${}_nP_k$ 通り. このうち, 特定の A_i さんが 1 のくじをひく組合せは ${}_{n-1}P_{k-1}$ 通り. ほかの当たりくじをひく組合せもそれぞれ同じだから, A_i さんが当たりくじをひく組合せは $\ell \times {}_{n-1}P_{k-1}$ 通り. この比をとると, $\ell \times {}_{n-1}P_{k-1}/{}_nP_k = \ell/n$ となる.

6 章

A-1.

X	2	3	4	5	6	7
P	1/36	2/36	3/36	4/36	5/36	6/36
	8	9	10	11	12	
	5/36	4/36	3/36	2/36	1/36	

A-2.

X	0	1	2	3	4	5
P	3/18	5/18	4/18	3/18	2/18	1/18

A-3.

X	0	1	2
P	$\dfrac{k(k-1)}{(s+k)(s+k-1)}$	$\dfrac{2sk}{(s+k)(s+k-1)}$	$\dfrac{s(s-1)}{(s+k)(s+k-1)}$

A-4. $P(X=k) = \dfrac{{}_8C_k \cdot {}_7C_{5-k}}{{}_{15}C_5}$ $(k=0,1,2,3,4,5)$

A-5. 通常のサイコロを 2 個振って出た目の和と同じ分布になる.

B-1. $P(X=r) = \dfrac{1}{2^r}$ $(r=1,2,3,\ldots)$

B-2. $P(X=r) = \dfrac{2}{3^r}$ $(r=1,2,3,\ldots)$

B-3. p 秒後に a_j のマス目にコマがある確率が $B^p e_k$ の第 j 成分で与えられることを p に関する数学的帰納法で証明する. $p=0$ のときには, コマは a_k にあるので, a_j のマス目にコマがある確率は e_k の第 j 成分で与えられている.

次に，$B^{p-1}\mathbf{e}_k = \begin{pmatrix} q_1 \\ \vdots \\ q_n \end{pmatrix}$ とおいて，$p-1$ 秒後に a_j のマス目にコマがある確率が q_j であると仮定して，p 秒後の状態を調べよう．p 秒後に a_i のマス目にコマがある確率は

$$b_{i1}q_1 + \cdots + b_{in}q_n$$

で与えられるが，これは，

$$B \begin{pmatrix} q_1 \\ \vdots \\ q_n \end{pmatrix} = B^p \mathbf{e}_k$$

の第 i 成分と一致する．したがって，p 秒後も命題は正しいことが示された．

  B-4. 考えられる．前問と同じ考え方をすると，

$$B = \frac{1}{3}\begin{pmatrix} 1 & 1 & 0 & 1 \\ 1 & 1 & 1 & 0 \\ 0 & 1 & 1 & 1 \\ 1 & 0 & 1 & 1 \end{pmatrix}$$

とおき，

$$\lim_{n \to \infty} B^n \begin{pmatrix} 1 \\ 0 \\ 0 \\ 0 \end{pmatrix}$$

を求めればよい．B を対角化すると，

$$P = \begin{pmatrix} 1 & 1 & 1 & 0 \\ 1 & -1 & 0 & 1 \\ 1 & 1 & -1 & 0 \\ 1 & -1 & 0 & -1 \end{pmatrix}, \quad P^{-1}BP = \begin{pmatrix} 1 & 0 & 0 & 0 \\ 0 & -1/3 & 0 & 0 \\ 0 & 0 & 1/3 & 0 \\ 0 & 0 & 0 & 1/3 \end{pmatrix}$$

であるので，

$$\lim_{n \to \infty} B^n \begin{pmatrix} 1 \\ 0 \\ 0 \\ 0 \end{pmatrix} = \lim_{n \to \infty} P \begin{pmatrix} 1 & 0 & 0 & 0 \\ 0 & -1/3 & 0 & 0 \\ 0 & 0 & 1/3 & 0 \\ 0 & 0 & 0 & 1/3 \end{pmatrix} P^{-1} \begin{pmatrix} 1 \\ 0 \\ 0 \\ 0 \end{pmatrix}$$

$$= \begin{pmatrix} 1/4 \\ 1/4 \\ 1/4 \\ 1/4 \end{pmatrix}.$$

7章

A-1. $E(X) = 7, \quad V(X) = 35/6$

A-2. $E(X) = 35/18, \quad V(X) = 665/324$

A-3.
$$E(X) = \frac{2s}{s+k},$$
$$V(X) = \frac{2s(s+k)(2s+k-2) - 4s^2(s+k-1)}{(s+k)^2(s+k-1)}$$
$$= \frac{2sk(s+k-2)}{(s+k)^2(s+k-1)}$$

A-4. Xが定数のとき（Xが1つの値しかとらないとき．）．

A-5. $E(X) = 1.244, \quad V(X) = 0.05358$

A-6. $m = 6.3, \sigma = \sqrt{4} = 2, \lambda = 3$ とおいてチェビシェフの定理を適用すれば，
$$P(|X - 6.3| > 6) \leq \frac{1}{3^2} = \frac{1}{9}$$
であって，
$$P(0.3 < X < 12.3) \geq \frac{8}{9}$$
を得る．

A-7. （1） $m = 25, \sigma = 7, \lambda = 2$ とおいてチェビシェフの定理を適用すれば，
$$P(|X - 25| > 14) \leq \frac{1}{2^2} = \frac{1}{4}$$
であって，
$$P(11 < X < 39) \geq \frac{3}{4}$$
を得る．

（2） $m = 25, \sigma = 7, \lambda = 3$ とおいてチェビシェフの定理を適用すれば，
$$P(|X - 25| > 21) \leq \frac{1}{3^2} = \frac{1}{9}$$
であって，
$$P(4 < X < 46) \geq \frac{8}{9}$$
を得る．

B-1. $p_k = q^{k-1}p$ とおく．
$$E(X) = \sum k p_k = \sum k q^{k-1} p$$
$$(1-q)E(X) = \sum k(1-q)q^{k-1}p = \sum (kq^{k-1}p - kq^k p)$$
$$= \sum (k - (k-1))q^{k-1}p = \sum q^{k-1}p = \frac{p}{1-q} = 1,$$

$$\therefore\ E(X) = \frac{1}{1-q} = \frac{1}{p}.$$
$$E(X^2) = \sum k^2 p_k = \sum k^2 q^{k-1} p$$
$$(1-q)E(X^2) = \sum k^2(1-q)q^{k-1}p = \sum (k^2 q^{k-1} p - k^2 q^k p)$$
$$= \sum (k^2 - (k-1)^2) q^{k-1} p = \sum (2k-1) q^{k-1} p = 2E(X) - 1$$
$$\therefore\ E(X^2) = \left(\frac{2}{p} - 1\right)\frac{1}{1-q} = \frac{2-p}{p^2},$$
$$\therefore\ V(X) = E(X^2) - (E(X))^2 = \frac{1-p}{p^2}.$$

B-2. $p_k = a^k e^{-a}/k!$ とおく. 例 7.2 により $E(X) = a$ は求まっているものとする.

$$E(X^2) = \sum k^2 p_k = \sum \frac{k^2 a^k e^{-a}}{k!}$$
$$(\text{ここで } k^2 = k(k-1) + k \text{ と式変形する.})$$
$$= \sum \frac{\{k(k-1) + k\} a^k e^{-a}}{k!}$$
$$= \sum \frac{a^k e^{-a}}{(k-2)!} + \sum \frac{a^k e^{-a}}{(k-1)!}$$
$$= a^2 \sum \frac{a^{k-2} e^{-a}}{(k-2)!} + a \sum \frac{a^{k-1} e^{-a}}{(k-1)!}$$
$$= a^2 + a.$$

したがって,
$$V(X) = E(X^2) - (E(X))^2 = (a^2 + a) - a^2 = a$$
を得る.

8 章

A-1. $E(X) = 1.2, E(Y) = 0.54, E(XY) = 0.642, E(X^2) = 1.46, E(Y^2) = 0.302$

A-2. （1） $E(X) = E(Y) = \frac{k}{s+k}$, $V(X) = V(Y) = \frac{sk}{(s+k)^2}$

（2） $\frac{k(k-1)}{(s+k)(s+k-1)}$

（3） $E(X)E(Y) \neq E(XY)$ なので, 独立ではない.

A-3. （1） 期待値 -9, 分散 36, 標準偏差 6

（2） 期待値 19, 分散 225, 標準偏差 15

（3） $E(3X^2) = 3E(X^2) = 3(V(X) + E(X)^2) = 3(9 + (-3)^2) = 54$

B-1. n 個のサイコロのそれぞれの目を $X_1, \cdots, X_n$ とすると，これらは設定の仕方から独立であると考えられる．$X = X_1 + \cdots + X_n$ なので，$E(X) = E(X_1) + \cdots + E(X_n) = 7n/2$ である．

$X_1, \cdots, X_n$ が独立なことから，$V(X) = V(X_1) + \cdots + V(X_n) = 35n/12$ である．

B-2. $E((X-a)^2) = E(X^2 - 2aX + a^2) = E(X^2) - 2aE(X) + a^2 = V(X) + E(X)^2 - 2aE(X) + a^2 = V(X) + (E(X) - a)^2$.
$E((X-a)^2)$ の最小値については，括弧の中が 0 になるときであるから，$E(X) = a$ のときであることがわかる．

B-3. （1） 根元事象を $U = \{a_1, \cdots, a_n\}$ とすると，任意の i について $X(a_i) \leq Y(a_i)$ であることになる．したがって，

$$E(X) = \sum_{i=1}^{n} P(\{a_i\})X(a_i) \leq \sum_{i=1}^{n} P(\{a_i\})Y(a_i) = E(Y)$$

となる．

（2） $|E(X)| = |\sum_{i=1}^{n} P(\{a_i\})X(a_i)| \leq \sum_{i=1}^{n} |P(\{a_i\})X(a_i)| = E(|X|)$.

9 章

A-1. （1） $E(X) = 2$, $E(Y) = 2$, $E(XY) = 4$, $E(X^2) = 4.67$, $E(Y^2) = 4.67$, $\sigma(X) = 0.816$, $\sigma(Y) = 0.816$, $\sigma(X,Y) = 0$, $r(X,Y) = 0$
（2） $E(X) = 2$, $E(Y) = 2$, $E(XY) = 4.29$, $E(X^2) = 4.57$, $E(Y^2) = 4.57$, $\sigma(X) = 0.756$, $\sigma(Y) = 0.756$, $\sigma(X,Y) = 0.286$, $r(X,Y) = 0.5$
（3） $E(X) = 2$, $E(Y) = 2$, $E(XY) = 3.71$, $E(X^2) = 4.57$, $E(Y^2) = 4.57$, $\sigma(X) = 0.756$, $\sigma(Y) = 0.756$, $\sigma(X,Y) = -0.286$, $r(X,Y) = -0.5$

A-2.

X	0	1	2	3	4
Y	4	3	2	1	0
P	16/81	32/81	24/82	8/81	1/81

この表より計算して，$E(X) = 4/3, E(Y) = 8/3, E(XY) = 8/3, \sigma(X,Y) = -8/9, r(X,Y) = -1$.

A-3. A-2 と同じように X や Y の表をつくってみよう．XY は

XY	0	1	2
P	3/4	1/6	1/12

となることに注意しよう．これらを用いて，$E(X) = 1/2, E(Y) = 1, E(XY) = 1/3, \sigma(X,Y) = -1/6, r(X,Y) = -1/\sqrt{10}$ となる．

A-4. 電卓か表計算ソフトを使って計算しよう．
$E(X) = 168$, $E(Y) = 67.7$, $\sigma(X,Y) = 85$, $r(X,Y) = 0.9189$, $Y = 1.164X - 127.9$.

問題のヒント・解答　　　115

B-1. X, Y は二項分布であるので，10 章に出てくる公式を使うとよい．定理 10.1 より $E(X) = np$, $E(X^2) = n^2p^2 - np^2 + np$, $V(X) = np - np^2$ である．$Y = n - X$ であることに注意すると，$E(Y) = n - np$, $E(XY) = E(nX - X^2) = (n^2 - n)(p - p^2)$, $E(Y^2) = E((n-X)^2) = n^2 - 2n^2p + n^2p^2 - np^2 + np$, $\sigma(X, Y) = -n(p - p^2)$, $r(X, Y) = -1$ と順に求まる．

B-2. X, Y は二項分布であるので，10 章に出てくる公式を使うとよい．X は $B(n, 1/6)$ に従い，Y は $B(n, 1/3)$ に従い，$X + Y$ は $B(n, 1/2)$ に従う．

定理 10.1 より，$E((X + Y)^2) = n/4 + n^2/4$, $E(X^2) = 5n/36 + n^2/36$, $E(Y^2) = 2n/9 + n^2/9$ が得られる．これらから

$$E(XY) = \frac{1}{2}(E((X+Y)^2) - E(X^2) - E(Y^2)) = \frac{n^2 - n}{18}.$$

$E(X) = n/6$, $E(Y) = n/3$ などを使えば，

$$\sigma(X, Y) = -\frac{n}{18}, \qquad r(X, Y) = -\frac{1}{\sqrt{10}}$$

が得られる．

10 章

A-1. （1） $\dfrac{n - r + 1}{r} \cdot \dfrac{p}{1 - p}$

（2）（1）の結果より，$\dfrac{P(X=r)}{P(X=r-1)} > 1$ を解くと $(n+1)p > r$ が必要十分条件であることがわかる．すなわち，r が $(n+1)p > r$ をみたすときは $P(X = r)$ は単調増加であることがわかる．このことから，最大を与える r は $[(n+1)p]$ である．（ここで $[\cdot]$ はガウスの記号である.）

A-2. （1） 63/256

（2） 105/512

（3） 15/128

（4） 21/32

（5） 193/512

A-3. （1） ベルヌーイの定理を $n = 1000, p = 1/2, \alpha = 40/1000 = 1/25$ に関して適用してみると，

$$P(500 - 40 < X < 500 + 40) \geq 1 - \frac{1/4}{1000(1/25)^2} \sim 0.844$$

を得る．

（2） ベルヌーイの定理を，$p = 1/2, \alpha = (1/2)(5/100) = 1/40$ に関して適用してみると，

$$P\left(0.5 \times 0.95 < \frac{X}{n} < 0.5 \times 1.05\right) \geq 1 - \frac{1/4}{n(1/40)^2} = \frac{4n - 1600}{4n}$$

となる．題意をみたすには $\frac{4n-1600}{4n} \geq 0.9$ を解けばよい．これを解いて $n \geq 4000$ を得る．答えは 4,000 回である．

A-4. $n = 50000, p = 1/2, \alpha = 1/100$ としてベルヌーイの定理を使うと，

$$P\left(\left|R - \frac{1}{2}\right| < \frac{1}{100}\right) \geq 1 - \frac{1/4}{50000(1/100)^2} = 0.95$$

となり，題意はみたされる．

B-1. $\frac{P(X=r)}{P(X=r-1)}$ を求めると，

$$\frac{P(X=r)}{P(X=r-1)} = \frac{a}{r}.$$

したがって，$\frac{P(X=r)}{P(X=r-1)} > 1$ を解くと $a > r$ であるので，最大を与える r は $[a]$ で与えられる．

B-2. （1） チェビシェフの定理を用いる．そのために，$E(\overline{X}_n), V(\overline{X}_n)$ を求める．

$$E(\overline{X}_n) = \frac{1}{n}\sum E(X_k) = \frac{nm}{n} = m.$$

また，$X_1, X_2, \cdots$ は互いに独立なので，

$$V(\overline{X}_n) = \frac{1}{n^2}\sum V(X_k) = \frac{n\sigma^2}{n^2} = \frac{\sigma^2}{n}.$$

そこで，$\overline{X}_n$ と $\lambda = \varepsilon\sqrt{n}/\sigma$ をチェビシェフの公式に当てはめると，$\varepsilon = \lambda\sigma(\overline{X}_n)$ が成り立っていることに注意すると

$$P(|\overline{X}_n - m| > \varepsilon) \leq \frac{\sigma^2}{\varepsilon^2 n}.$$

両辺について n を無限大にすると，右辺は 0 に収束するので，左辺は 0 に収束しなければならない． □

（2） $\left|\frac{X_1+X_2+\cdots+X_n-nm}{n^{1/2+\alpha}}\right| > \varepsilon$ を変形すると

$$|\overline{X}_n - m| > \varepsilon n^{-1/2+\alpha}$$

が得られる．そこで，もう一度 $\lambda = \varepsilon n^\alpha/\sigma$ とおこう．こうすると，$\varepsilon n^{-1/2+\alpha} = \lambda\sigma(\overline{X}_n)$ が成り立っている．したがって，チェビシェフの定理より

$$P\left(|\overline{X}_n - m| > \varepsilon n^{-1/2+\alpha}\right) \leq \frac{\sigma^2}{\varepsilon^2 n^{2\alpha}}$$

が得られる．ここで n を無限大にする極限を考えると，$\alpha > 0$ に注意すれば右辺は 0 へ収束し，したがって，左辺も 0 は収束することがわかる．

11章

A-1. (1) 関数 ae^{-ax} はいつでも正の値をとる．また，

$$\int_0^\infty ae^{-ax}dx = \lim_{b\to\infty}\left[a\frac{1}{-a}e^{-ax}\right]_0^b = 1$$

であるから，ae^{-ax} は確率密度関数である．

(2) 部分積分を行う．広義積分であることに注意する．$\lim_{x\to\infty}xe^{-x} = 0$, $\lim_{x\to\infty}x^2e^{-x} = 0$ は微分積分学で学習した公式である．

$$E(X) = \int_0^\infty xae^{-ax}dx = \lim_{b\to\infty}\left[xa\frac{1}{-a}e^{-ax}\right]_0^b - \int_0^\infty -e^{-ax}dx = \frac{1}{a},$$

$$E(X^2) = \int_0^\infty x^2ae^{-ax}dx = \lim_{b\to\infty}\left[x^2a\frac{1}{-a}e^{-ax}\right]_0^b - \int_0^\infty -2xe^{-ax}dx = \frac{2}{a^2},$$

$$V(X) = E(X^2) - E(X)^2 = \frac{1}{a^2}.$$

A-2. (1) 棒の上に座標を設定し，棒の両端が 0 と 1 に対応するように決める．アリの最初の場所の座標が x であったとする．アリが正の方向を向いていれば（確率 1/2），アリが棒を歩き終わるのにかかる時間は $1-x$ であり，アリが負の方向を向いていれば（確率 1/2），アリが棒を歩き終わるのにかかる時間は x である．x は閉区間 $[0,1]$ 上一様に分布しているとし，この x の分布を X で書くことにする．以上の考察より，求める期待値は

$$E\left(\frac{1}{2}X + \frac{1}{2}(1-X)\right) = \frac{1}{2}\quad (分)$$

(2) 非常に複雑な問題のようにみえるが，実はそうではない．2 匹のアリは自分の名前の名札をしていると仮定しよう．2 匹のアリが棒の上で出会うと，その瞬間に引き返すというルールになっているが，「名札を交換してすれ違う」としても結局同じことである．すなわち，アリの動きは独立であると考えることができ，1 匹が棒を歩き終わる時間と平均で同じだけがかかるので，答えは 1/2（分）である．

B-1. 下図左より，$X = OB = \tan\theta$.

$$P(a \leq X \leq b) = P(a \leq \tan\theta \leq b) = P(\arctan(a) \leq \theta \leq \arctan(b))$$

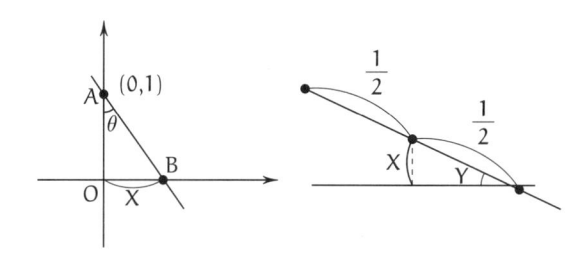

$$= \frac{\arctan(b) - \arctan(a)}{\pi} = \int_a^b \frac{dx}{\pi(x^2+1)}.$$

B-2. (1) 上図右より，求める条件は $X \leq \frac{1}{2}\sin Y$ である．

(2)
$$P(X \leq \frac{1}{2}\sin Y) = \iint_D f(x)g(y)dxdy = \frac{2}{\pi}(D の面積) = \frac{2}{\pi}.$$

ただしここで，
$$D の面積 = \int_0^\pi \frac{1}{2}\sin y \, dy = \left[-\frac{1}{2}\cos y\right]_0^\pi = 1.$$

12 章

A-1. (1) 0.995

(2) 0.627

(3) 0.99

A-2. (1) $N(a+b, \sigma^2)$

(2) $N(\lambda a, \lambda^2 \sigma^2)$

B-1. 求める積分の値を $I = \int_{-\infty}^{\infty} \frac{1}{\sqrt{2\pi}} e^{-(x^2/2)} dx$ とする．これを 2 変数の重積分に拡張して考える．すなわち，

$$\int_{-\infty}^{\infty} \int_{-\infty}^{\infty} \frac{1}{2\pi} e^{-((x^2+y^2)/2)} dxdy$$

を考えるのであるが，この積分は

$$I^2 = \left(\int_{-\infty}^{\infty} \frac{1}{\sqrt{2\pi}} e^{-(x^2/2)} dx\right) \left(\int_{-\infty}^{\infty} \frac{1}{\sqrt{2\pi}} e^{-(y^2/2)} dy\right)$$

と等しい．一方で，重積分を $x = r\cos\theta, y = r\sin\theta$ により変数変換を行うと，よく知られているように，$dxdy = rdrd\theta$ である（$0 < \theta < 2\pi, 0 < r$）．したがって，$x^2 + y^2 = r^2$ に注意すると，

$$I^2 = \int_0^{2\pi} d\theta \int_0^{\infty} \frac{1}{2\pi} e^{-(r^2/2)} r dr$$
$$= [\theta]_0^{2\pi} \left[-\frac{1}{2\pi} e^{-(r^2/2)}\right]_0^{\infty}$$
$$= (2\pi)\left(-\frac{1}{2\pi}(0-1)\right) = 1.$$

$I > 0$ はいうまでもないので，$I = 1$ であることが示された．

B-2. 定理 11.1(4)（たたみこみ）を用いて証明する．つまり，定理 11.1 によれば，$f(x)$ を $N(a, \sigma^2)$ の確率密度関数，$g(x)$ を $N(b, \tau^2)$ の確率密度関数とする．

このとき，$X_1 + X_2$ の確率密度関数は
$$\int_{-\infty}^{\infty} f(x-t)g(t)dt$$
で与えられる．
$$\int_{-\infty}^{\infty} f(x-t)g(t)dt = \int \frac{1}{2\pi\sigma\tau} \exp\left(-\frac{(x-t-a)^2}{2\sigma^2} - \frac{(t-b)^2}{2\tau^2}\right) dt$$
であるから，$\Delta = -\frac{(x-t-a)^2}{2\sigma^2} - \frac{(t-b)^2}{2\tau^2}$ とおいて，この部分を t について平方完成する．すると，
$$\Delta = -\left(\frac{\sigma^2 + \tau^2}{2\sigma^2\tau^2}\right)(t-A)^2 + B$$
と変形できる．ただし
$$A = \left(\frac{x-a}{2\sigma^2} + \frac{b}{2\tau^2}\right)\left(\frac{2\sigma^2\tau^2}{\sigma^2+\tau^2}\right),$$
$$B = \left(\frac{x-a}{2\sigma^2} + \frac{b}{2\tau^2}\right)^2 \left(\frac{2\sigma^2\tau^2}{\sigma^2+\tau^2}\right) - \left(\frac{(x-a)^2}{2\sigma^2} + \frac{b^2}{2\tau^2}\right)$$
である．

最初の積分に戻ると，
$$\frac{1}{2\pi\sigma\tau}\int \exp(\Delta)dt = \frac{1}{2\pi\sigma\tau}\exp(B)\int \exp\left(-\left(\frac{\sigma^2+\tau^2}{2\sigma^2\tau^2}\right)(t-A)^2\right)dt$$
$$= \frac{1}{2\pi\sigma\tau}\exp(B)\sqrt{2\pi}\frac{\sigma\tau}{\sqrt{\sigma^2+\tau^2}} = \frac{1}{\sqrt{2\pi}\sqrt{\sigma^2+\tau^2}}\exp(B).$$

B をていねいに計算すると，
$$B = \frac{\sigma^2\tau^2(-(x-a)^2 + 2(x-a)b - b^2)}{2\sigma^2\tau^2(\sigma^2+\tau^2)} = -\frac{(x-a-b)^2}{2(\sigma^2+\tau^2)}$$
を得る．したがって，$X_1 + X_2$ の確率密度関数は
$$\frac{1}{\sqrt{2\pi}\sqrt{\sigma^2+\tau^2}}\exp\left(-\frac{(x-a-b)^2}{2(\sigma^2+\tau^2)}\right)$$
であり，これにより $N(a+b, \sigma^2+\tau^2)$ に従っていることが示された．

B-3. 12章の問題 B-2 を活用して n に関する数学的帰納法を用いれば示される．詳細は省略する．

B-4.
$$\sum_{n=0}^{\infty} \frac{t^n}{n!}S_n = \sum_{n=0}^{\infty} \frac{t^n}{n!}\int_{-\infty}^{\infty} \frac{x^n}{\sqrt{2\pi}}e^{-\frac{x^2}{2}}dx = \int_{-\infty}^{\infty} \frac{1}{\sqrt{2\pi}}e^{xt-\frac{x^2}{2}}dx.$$

この右辺はさらに
$$\int_{-\infty}^{\infty} \frac{1}{\sqrt{2\pi}}e^{-(x-t)^2/2}e^{t^2/2}dx$$

$$= e^{t^2/2}$$
$$= 1 + \frac{t^2}{2} + \frac{1}{2!} \cdot \left(\frac{t^2}{2}\right)^2 + \cdots + \frac{1}{n!} \cdot \left(\frac{t^2}{2}\right)^n + \cdots$$

と変形できる．無限級数の係数を比較するためには級数の収束を示す必要があり，無条件の比較はできない．しかしその部分を問わないことにすれば，t^n の係数を比較することにより，右辺には t の偶数次数の項しかないことから $S_{2n+1} = 0$ であることがわかる．偶数次の項に関しては，

$$\frac{S_{2n}}{(2n)!} = \frac{1}{n! 2^n}$$

が成り立つので，$S_{2n} = \frac{(2n)!}{2^n n!} = 1 \cdot 3 \cdot 5 \cdots (2n-1)$ であることが示される．

B-5. 正規分布 $N(0,1)$ について，その 1 次モーメント S_1 は

$$S_1 = E(X)$$

であるが，$S_1 = 0$ なので $E(X) = 0$ が従う．$V(X)$ については，2 次モーメント S_2 を用いて，

$$V(X) = S_2 - (E(X))^2$$
$$= S_2 = 1$$

である．

13 章

A-1. 1 級品であると仮説を立てる．100 箱に含まれる不良品の個数は $B(100, 0.1)$ に従う．これを $N(100 \cdot 0.1, 100 \cdot 0.1 \cdot 0.9) = N(10, 9)$ で近似する．$X = 15$ を変数変換 $Z = (X - 10)/\sqrt{9}$ で変換する．$Z = (15 - 10)/3 = 1.67$ は $N(0,1)$ に従う．危険率 10% の両側検定で採択されるためには，$P(Z > k) = 0.10/2 = 0.05$ となる k の値を求める．表 A.1 より $k = 1.645$ である．$-1.645 < Z < 1.645$ に入っていれば仮説は採択されるが，今は $Z = 1.67$ なので，仮説は棄却される．

同様に，2 級品であると仮説を立てる．100 箱に含まれる不良品の個数は $B(100, 0.2)$ に従う．これを $N(100 \cdot 0.2, 100 \cdot 0.2 \cdot 0.8) = N(20, 16)$ で近似する．$Y = 15$ がこの分布に従っているとする．$Z = (Y - 20)/\sqrt{16}$ で変数変換すると，$Z = (15 - 20)/4 = -1.25$ である．危険率 10% の両側検定では $-1.645 < Z < 1.645$ に入っていれば仮説は採択されるから，この場合は採択である．

A-2. 8 台の車の平均燃費 X は $N(18.5, 1.5^2/8)$ に従う．$X = 17.95$ を変数変換 $Z = \frac{X - 18.5}{1.5/\sqrt{8}}$ で変換すると，$Z = 1.037$ は標準正規分布に従う．危険率 5% の両側

検定では，$-1.960 < Z < 1.960$ の範囲に入っていれば採択であるから，この場合は規格からはずれているとは認められない．

A-3. （1） 50名の平均点 X は $N(620.00, 136.92^2/50)$ に従う．これを変数変換して $Z = \frac{X-620.0}{136.92/\sqrt{50}}$ とすれば，Z は標準正規分布に従う．$X = 667.6$ であるならば，$Z = 2.458$ である．危険率 5% の両側検定では $-1.960 < Z < 1.960$ の範囲に入っていれば採択されるから，この場合は採択である．

（2） その高校の受験者の平均点が全受験者の平均より高くないと仮説を立てる．危険率 5% の片側検定では $Z < 1.645$ で採択される．今，$Z = 2.458$ であるから，仮説は棄却されることになり，この高校の受験者の平均点は全国平均より高いといえる．

A-4. 正しい硬貨を用いていると仮説を立てると，その分布 X は $B(256, 0.5)$ に従う．これを $N(256 \cdot 0.5, 256 \cdot 0.5 \cdot 0.5) = N(128, 64)$ で近似する．$Z = \frac{X-128}{\sqrt{64}}$ で変数変換すれば，Z は標準正規分布に従う．$X = 140$ であれば $Z = 1.5$ であり，危険率 5% の両側検定では $-1.960 < Z < 1.960$ の範囲に入っていれば採択されるから，この場合は採択である．

A-5. A種と B種とが同じであると仮説を立てる．すると，B種が A種より収穫の多い確率は 0.5 である．分布 $B(28, 0.5)$ を $N(28 \cdot 0.5, 28 \cdot 0.5 \cdot 0.5) = N(14, 7)$ で近似する．変数変換により $Z = \frac{X-14}{\sqrt{7}}$ を考えれば Z は標準正規分布に従う．$X = 20$ ならば $Z = 2.268$ である．危険率 1% の両側検定では $-2.570 < Z < 2.570$ の範囲に入っていれば採択であるから，この場合は採択である．

A-6. 毎時間の事故発生率が同等であると仮説を立てる．すると 600 件の事故のうち閉業前 1 時間にそれが発生する回数の分布は $B(600, 1/8)$ に従う．これを $N(600 \cdot 1/8, 600 \cdot 1/8 \cdot 7/8) = N(75, 65.6)$ で近似する．変数変換により $Z = \frac{X-75}{\sqrt{65.6}}$ とすると Z は標準正規分布に従う．$X = 90$ ならば $Z = 1.852$ である．危険率 1% の両側検定では $-2.570 < Z < 2.570$ の範囲に入っていれば採択であるから，この場合は採択である．

A-7. A学科の平均は $N(p_1, 10^2/50)$, B学科の平均は $N(p_2, 95^2/50)$ であると仮定する．$p_1 = p_2$ という仮説を立てる．今，2つの平均の差 X は $N(0, 10^2/50 + 95^2/50)$ で分布すると考えられる．$Z = \frac{X-0}{\sqrt{10^2/50 + 95^2/50}}$ とすれば，Z は標準正規分布に従う．$X = 365 - 360$ ならば，$Z = 0.027$ である．危険率 5% の両側検定では $-1.960 < Z < 1.960$ の範囲に入っていれば採択であるから，この場合は採択である．

索引

あ行

一様分布　79

か行

回帰直線　68
階乗　14
確率　5
　——の加法定理　22
　——の乗法定理　28
　条件付き——　27
確率事象　5
確率分布　44
　連続的な——　77
確率変数　43, 44
　離散的な——　44
　連続的な——　44
確率密度関数　77
カタラン数　16
加法定理
　確率の——　22

幾何分布　55
期待値　49
共分散　65

空事象　8
組合せ　14

経験的大数の法則　73
結合法則　9

交換法則　9
根元事象　7

さ行

試行　5
事象　5
　空——　8
　積——　8
　全——　7
事象列　36
従属　29
重複試行　38
　（確率 p の）——　39
順列　14
条件付き確率　27
乗法定理
　確率の——　28

正規分布　80, 85
積事象　8
全事象　7

相関係数　66
相対度数　6

た行

大数の法則　73
正しいサイコロ　5
たたみ込み　81

チェビシェフの不等式　54

独立（確率変数が）　61
独立（事象が）　29
独立試行　38
ド・モルガンの法則　9

　　な　行

二項分布　71

　　は　行

排反事象　8

標準正規分布　86
標準偏差　52
標本空間　7

分散　50
分配法則　9

ベルヌーイの定理　73

ポアソン分布　45

　　ま　行

無相関　67

　　や　行

余事象　8
　──の定理　24

　　ら　行

離散的確率変数　44

連続的確率分布　77

　　わ

和事象　8

著者略歴

阿原　一志
（あはら　かずし）

1992年　東京大学大学院理学研究科
　　　　数学専攻博士課程修了
現　在　明治大学総合数理学部教授
　　　　理学博士
　　　　専門は，コンピューティング・
　　　　トポロジー，数学教育

主な著書

ハイプレイン——のりとはさみでつくる双曲平面
（日本評論社）
シンデレラで学ぶ平面幾何
（シュプリンガー東京）

Ⓒ 阿原一志 2009

2009年11月18日　初　版　発　行
2019年 4 月 5 日　初版第 8 刷発行

確率・統計の初歩

著　者　阿　原　一　志
発行者　山　本　　格
発行所　株式会社　培風館
東京都千代田区九段南4-3-12・郵便番号102-8260
電話(03)3262-5256(代表)・振替00140-7-44725

中央印刷・牧　製本

PRINTED IN JAPAN

ISBN978-4-563-01007-2　C3033